胜利油田特高含水期提高采收率技术
高温高盐油田化学驱提高采收率技术

非均相复合驱油技术

The Heterogeneous Phase Combination
Flooding Used in Enhanced Oil Recovery

孙焕泉　曹绪龙　李振泉　郭兰磊　潘斌林　编著

科学出版社

北京

内 容 简 介

非均相复合驱油技术是近几年新提出的一种大幅度提高原油采收率的技术。本书系统阐述了非均相复合驱油技术在基础理论研究、室内研究、数值模拟和油藏工程研究等方面取得的最新研究成果,详细介绍了非均相复合驱油机理研究、驱油剂研发、驱油体系设计、注采参数优化、方案设计、矿场实施效果评价等配套技术。

本书可供油田开发、油田化学和提高采收率研究的科学工作者、工程技术人员、管理人员及高等院校石油工程专业师生参考。

图书在版编目(CIP)数据

非均相复合驱油技术=The Heterogeneous Phase Combination Flooding Used in Enhanced Oil Recovery/孙焕泉等编著. —北京:科学出版社,2016.9

ISBN 978-7-03-047358-5

Ⅰ. ①非⋯ Ⅱ. ①孙⋯ Ⅲ. ①非均相-复合驱-研究 Ⅳ. ①TE357.46

中国版本图书馆 CIP 数据核字(2016)第 029938 号

责任编辑:耿建业 刘翠娜/责任校对:桂伟利

责任印制:徐晓晨 /封面设计:无极书装

科 学 出 版 社出版

北京东黄城根北街 16 号

邮政编码:100717

http://www.sciencep.com

北京厘诚则铭印刷科技有限公司 印刷

科学出版社发行 各地新华书店经销

*

2016 年 9 月第 一 版 开本:720×1000 1/16

2017 年 4 月第二次印刷 印张:11

字数:209 000

定价:168.00 元

(如有印装质量问题,我社负责调换)

前　言

自 20 世纪 90 年代以来，聚合物驱油技术在胜利油田先后开展了先导试验、扩大试验和工业化推广应用，取得了显著的降水增油效果。进入 21 世纪以来，聚合物驱油藏陆续转为后续水驱，但聚合物驱后油藏地下有 50%左右的原油未被采出，仍有进一步提高采收率的物质基础。因此，针对聚合物驱后油藏非均质性和剩余油分布特点，为有效利用现有资源，进一步提高聚合物驱后油藏采收率，相关研究者开展了以黏弹性颗粒驱油剂+聚合物+表面活性剂为主的非均相复合驱油技术攻关研究，取得了突破性的进展。从非均相复合驱方法的提出开始，先后开展了基础理论研究、机理研究、驱油体系设计、数值模拟研究和方案研究，特别是矿场先导试验取得了显著的降水增油效果，形成了非均相复合驱油配套技术，并进行了工业化推广应用，开辟了聚合物驱后油藏进一步大幅度提高采收率的新途径，成为油田化学驱提高采收率的主要接替技术之一。

本书以阐述非均相复合驱油实用技术为核心，以非均相复合驱油机理及非均相复合驱油体系性能与评价、数值模拟与油藏工程研究等为重点，讨论了非均相复合驱基础理论研究、配方设计和评价及矿场方案优化设计，另外还介绍了非均相复合驱油技术的矿场应用情况。

本书共六章，第一章介绍非均相复合驱用剂的设计、合成及性能评价；第二章介绍非均相复合驱油体系各组分相互作用；第三章介绍非均相复合驱油配方设计及性能评价；第四章介绍非均相复合驱体系在多孔介质中的流动特征及驱油机理；第五章介绍非均相复合驱数值模拟研究；第六章介绍非均相复合驱矿场应用实例。本书内容涉及非均相复合驱油基础理论研究、配方设计、数值模拟与油藏工程研究等诸多方面，在编写过程中力求做到系统性、科学性、先进性和实用性的统一，是一本专业性强、涉及学科多的科技书籍。

参加本书编写的还有姜祖明、陈晓彦、刘煜、曹伟东、魏翠华、赵方剑等同志。本书是参与非均相复合驱油技术研究的广大科技工作者集体智慧的结晶，在此向他们表示衷心的感谢！同时也向在本书编写过程中提供支持与帮助的同志表示谢意！

由于时间仓促，书中难免存在不足之处，敬请广大读者批评指正。

作　者
2015 年 12 月

目　　录

前言

绪论 ··· 1

第一章　非均相复合驱用剂 ··· 4
第一节　非均相复合驱用黏弹性颗粒驱油剂 ··· 4
　　一、动力学控制部分交联结构 ·· 4
　　二、金属类 B-PPG ··· 6
　　三、多元醇类 B-PPG ··· 6
　　四、胺类 B-PPG ·· 7
第二节　性能评价方法 ·· 9
　　一、B-PPG 理化性能测定 ·· 9
　　二、B-PPG 基本应用性能测定 ··· 10

第二章　非均相复合驱油体系各组分相互作用研究 ···································· 18
第一节　复配体系在溶液中的相互作用 ·· 18
　　一、共振光散射 ·· 19
　　二、动态光散射 ·· 25
第二节　聚合物与黏弹性颗粒驱油剂相互作用对体系黏弹性影响 ······ 29
　　一、AP-P5 与 B-PPG 复配体系 ·· 29
　　二、恒聚 HPAM 与 B-PPG 复配体系 ·· 34
　　三、本章小结 ·· 38

第三章　非均相复合驱油配方设计 ·· 39
第一节　非均相复合驱配方设计及性能评价 ·· 39
　　一、非均相复合驱中黏弹性颗粒驱油剂的筛选 ································ 39
　　二、驱油用表面活性剂的筛选 ·· 46
　　三、非均相复合驱中聚合物的筛选 ·· 52
第二节　非均相复合驱配方有效性研究 ·· 55
　　一、非均相复合驱体系各组分相互作用研究 ···································· 55

	二、热老化对非均相复合驱体系性能的影响	58
	三、非均相复合驱的色谱分离研究	59
	四、物理模拟试验	60

第四章　非均相复合驱体系在多孔介质中的流动特征及驱油机理 … 64
第一节　非均相复合驱体系在多孔介质中的渗流特征 … 64
一、非均相复合驱体系在多孔介质中的渗流特征 … 64
二、非均相复合驱体系在微观模型中的渗流特征 … 70
第二节　非均相复合驱体系驱油机理分析 … 70
一、有效封堵 … 71
二、液流转向 … 71
三、均衡驱替 … 72
四、调洗协同 … 73

第五章　非均相复合驱数值模拟研究 … 75
第一节　非均相复合驱数学模型建立 … 75
一、基本数学模型 … 75
二、物化参数模型 … 80
第二节　非均相复合驱数学模型求解方法 … 82
第三节　非均相复合驱数值模拟软件研制 … 84
一、软件研制基本方案 … 84
二、概念模型测试 … 85
三、室内试验结果拟合 … 92
第四节　非均相复合驱数值模拟软件矿场应用 … 95
一、先导试验拟合、跟踪与预测 … 95
二、非均相复合驱矿场开发机理分析 … 99

第六章　非均相复合驱矿场应用实例 … 107
第一节　试验区筛选 … 107
一、试验区的选区 … 107
二、试验区条件分析 … 108
第二节　先导试验方案研究 … 111
一、油藏地质特征 … 111
二、聚合物驱后剩余油分布特点 … 121
三、井网层系调整研究 … 135
四、非均相复合驱方案优化研究 … 142

  五、钻采工艺设计 ································ 145
  六、地面工艺设计 ································ 150
 第三节 矿场见效特征研究 ···························· 151
  一、矿场实施进展及现状 ···························· 152
  二、注入井动态变化 ······························ 153
  三、生产井动态变化 ······························ 157
参考文献 ·· 163

绪　　论

新中国成立以来，石油工业迅猛发展，探明已开发油气资源的平均采油率接近世界先进水平。但由于人均占有油气资源量相对较低，我国仍是一个油气资源匮乏的国家，自1993年成为石油净进口国后，2004年我国原油消耗对外依存度已接近40%。为保持国内油气资源自给量的较高份额，提高已开发资源的采收率，石油开发科技人员不断为之努力，而其发展方向就是三次采油技术。"九五"以来，以大庆、胜利两大油田聚合物驱为代表的三次采油技术得到工业化应用。到"十五"末，年产原油1500万t以上（不含重油），约占国内原油总产量的8.7%。三次采油已成为高含水期油田持续高效开发的一项主导技术。

但是，随着聚合物驱规模的不断扩大，化学驱发展面临新的矛盾和挑战，主要表现在以下两个方面。一是聚合物驱优质资源是有限的。例如，胜利油田到"十五"末，Ⅰ、Ⅱ类剩余可动储量只有3000万t，资源接替不足。而根据聚合物驱的动态变化特点，在见效高峰期以后年产量递减达25%～30%，弥补这部分产量需提前两年投入相当规模的储量。而胜利油田聚合物驱油藏条件、井网井况适用性较好的Ⅰ、Ⅱ类优质资源动用率已超过90%，对三次采油的持续稳定发展极为不利。二是缺乏聚合物驱后进一步提高采收率的接替技术。已实施聚合物驱的单元，采收率一般达到40%～50%，仍有一半左右的剩余油滞留地下，具有进一步提高采收率的物质基础，但聚合物驱后进一步提高采收率的接替技术亟待攻关突破。

孤岛中一区Ng3在1992年开展聚合物驱试验以来，聚合物驱得到了迅速发展，1997年进入工业化应用阶段，成为老油田大幅度提高采收率的主要技术手段之一（孙焕泉等，2002；曹绪龙和张莉，2007）。截止到2008年年底，实施化学驱项目35个，动用地质储量3.71×10^8t，累计增油1624×10^4t，年增油量达到171×10^4t。其中，聚合物驱单元有29个，占化学驱单元的比例为82.8%，覆盖地质储量为3.56×10^8t，为油田的稳产先导和特高含水期提高采收率做出了巨大贡献。但是，聚合物驱由于受驱油机理的限制，其提高采收率的幅度仅为6%～10%，聚合物驱后仍有50%～60%的原油滞留地下，有进一步提高采收率的物质基础。目前已有17个聚合物驱单元转入后续水驱，10个单元含水已回升到注聚前的水平，因此，研究聚合物驱后如何进一步大幅度提高原油采收率，成为油田持续稳定发展的紧迫任务。聚合物驱后油藏条件更加复杂，由于剩余油更趋于分散，油藏非均质性更加突出，已有的成熟化学驱技术很难满足进一步大幅度提高采收率的要求，室内实验、数值模拟和矿场试验均表明，聚合物驱后依靠单一的井网调整和单一的二元复合驱技术提高采收率效果并不理想，因此聚合物驱后油藏进一步大幅度提高采收率技术亟待攻关突破。

在20世纪90年代，俄罗斯科学院油气问题研究所考强斯基研发了矿场调剖用Temposcreen聚合物凝胶，在1999年曾来胜利油田进行技术交流。胜利油田三次采油科研人员对该产品开展了系列性能评价，并在滨3-19井区进行了现场试验，效果不是很理想，主要原因是颗粒小使调剖作用不明显。但这一过程使科研人员在研发聚合物驱后油藏化学剂时受到了很大的启发。胜利油田于2003年开始着手研发一种颗粒型的化学剂。结合Temposcreen的特点及矿场试验的效果，提出了新型产品的要求，化学剂仍然为颗粒型，但有弹性，能变形，颗粒与孔喉尺寸相当，注入地层后能运移，起到深部调剖和驱油的效果。

2005年开展了预交联体单井试注试验。由于矿场与实验室的差异，试注过程中预交联体出现了"沉"和"堵"两个问题。通过借鉴Temposcreen和预交联体，结合有机合成方法，科学工作者进一步提出了一种新型黏弹性颗粒驱油剂合成方法，即黏弹性颗粒驱油剂（branched preformed paticle gel，B-PPG）通过多点引发将丙烯酰胺、交联剂、支撑剂等聚合在一起，形成星型或三维网络结构，溶于水后吸水溶胀，可变形通过多孔介质，具有良好的黏弹性、运移能力和耐温抗盐性。在B-PPG研发基础上，设计了由聚合物、B-PPG、表面活性剂组成的非均相复合驱油体系。体系中B-PPG与聚合物复配后，除提高聚合物溶液的耐温抗盐能力外，还能产生体系体相黏度（viscosity）增加、体相及界面黏弹性能增强、颗粒悬浮性改善、流动阻力降低的增效作用，可大幅度提高体系扩大波及体积能力。体系中的表面活性剂能够大幅度降低油水间界面张力，大幅提高毛管数，同时具有较好的洗油能力，有利于原油从岩石表面剥离，从而提高采收率。由于体系含软固体颗粒B-PPG，因此将其称为非均相复合驱油体系。该体系结合井网优化调整，在聚合物驱后油藏应用可进一步大幅度提高原油采收率。

2010年在孤岛中一区Ng3实施井网调整+非均相复合驱先导试验，试验区地质储量为123万t，设计注入井15口，中心油井10口，注入驱油体系为0.4%表面活性剂+900mg/L聚合物+900mg/L B-PPG，注入段塞为0.3PV。先导试验降水增油效果显著，综合含水由98.2%最大下降到81.3%；日产油量由试验前的3.3t/d最高上升至79.0t/d，全区累增油11.2万t，中心井区已增油8.07万t，已提高采收率6.56%。预计先导试验可提高采收率8.5%，最终采收率将突破60%，达到63.6%。

非均相复合驱技术的突破为聚合物驱后油藏进一步提高采收率开辟了新的途径，该技术在"十二五"部署推广应用单元3个，覆盖地质储量为1534万t，预计可增加可采储量118万t，提高采收率7.7%。胜利油田聚合物驱后地质储量为 3.56 亿 t，实施非均相复合驱后，预计增加可采储量 3 000 多万吨，将为胜利油田稳产发挥重要的支撑作用，并且该项技术的突破也对国内外同类型油藏提高采收率具有重要的指导作用。

非均相复合驱油技术是一项涉及多个基础学科和前缘学科的综合性很强的应用技术。本书阐述了非均相复合驱油剂的研发、非均相复合驱油剂间相互作用、非均相复合驱油体系设计、非均相复合驱油机理、数值模拟优化及油藏方案研究等方面的相关知识，并针对实例分析了非均相复合驱动态变化特征和增油效果，对今后非均相复合驱油技术的完善和发展具有借鉴意义。同时，本书对从事油田开发的科研技术人员和生产管理人员也具有重要的参考价值。

第一章　非均相复合驱用剂

第一节　非均相复合驱用黏弹性颗粒驱油剂

针对胜利油田地层温度高、地层水矿化度高、油藏非均质性强的特点，科研人员提出一种全新的聚丙烯酰胺类聚合物驱油剂的分子结构，即具有部分交联、部分支化空间结构的聚丙烯酰胺：黏弹性颗粒驱油剂 B-PPG（姜祖明等，2010；苏智青等，2012；Jiang and Su，2013；Su and Jiang，2013；Jiang and Huang，2014；姜祖明等，2015），它既具有线性聚合物溶液的增黏能力和在地层中的运移能力，同时又具有聚合物交联凝胶优异的耐温抗盐能力、耐老化能力和调节地层渗透率的能力。

合成部分交联结构的聚丙烯酰胺，对引发体系和交联剂的选择最为关键。N′N-亚甲基双丙烯酰胺（N，N′-Methylene diacrylamide，NMBA）是丙烯酰胺溶液聚合中最常用的交联剂，可通过双键自由基加成聚合进入主链形成交联结构。研究发现，交联程度对 NMBA 的用量极其敏感，存在临界值。在 NMBA 用量较小的时候，几乎不产生交联凝胶；一旦超过临界点，则立刻成为完全交联的固体凝胶，不存在一个部分交联的中间状态。因此，难以通过调控 NMBA 的用量来获得可控的部分交联聚丙烯酰胺。

一、动力学控制部分交联结构

依赖双烯类小分子交联剂形成交联结构的反应，无论是在聚合初期还是聚合后期，小分子交联剂的剩余双键均与单体一样参与链增长反应，在整个反应进程中交联程度不断增大，速度很快，体系中不存在交联结构的抑制机制，加之聚丙烯酰胺体系的交联程度对小分子交联剂用量非常敏感，因此导致了以双烯类小分子交联剂合成部分交联聚丙烯酰胺技术的失败。

分析丙烯酰胺的水溶液聚合过程可以发现，由于聚合过程中双基终止反应受到自加速效应的抑制，该终止反应主要在反应初期进行。这是由于反应初期丙烯酰胺聚合活性高，反应体系黏度低；随着聚合反应的进行，体系黏度迅速增加，自加速效应明显。丙烯酰胺聚合中自由基终止方式以双基终止为主，双基终止过程分为三步：①链自由基质心的平移；②链段重排，使活性中心靠近；③双基化学反应而终止。其中，带活性中心的链段的扩散是双基终止的控制因素。随着聚合反应的进行，体系黏度急剧升高，链段的扩散受到阻碍，双基终止困难，链终止速率常数下降，但是这一黏度对单体的运动能力还不足以造成大的影响，不会影响单体的扩散，因此聚合反应依旧可以进行。在此基础上，考虑设计一种交联模式，其交联结构的形成依赖于双基耦合终止，随着聚合反应的进行，自加速出现，双基终止受扩散控制，则体系黏度的增大在抑制双基终止的同时会造成对交联结构的抑制，使交联程度停止在某一个由动力学因素控制的水平上，进而获得部分交联结构的聚丙烯酰胺。结合以上分析，按照聚丙烯酰胺合成过程中黏度增大、凝胶化出现较早和凝胶传热较差而导致的绝热聚合等反应特征，设计了加入多官能度自由基聚合反应的方案，合成部分交联的聚丙烯酰胺。

在多官能自由基引发体系中，由于交联结构依赖于双基耦合终止，而双基耦合又受扩散控制而被体系黏度所抑制。因此，自加速效应及凝胶化现象可以被用做一种有效的抑制手段，通过抑制双基耦合终止将支化链结构保留下来。多官能自由基引发体系合成部分交联聚丙烯酰胺的过程如图 1-1 所示。

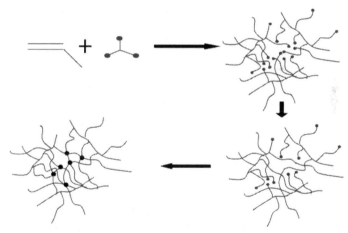

图 1-1　多官能自由基引发体系中交联过程示意图

在多官能自由基引发体系中，初期由多官能自由基引发单体聚合形成初级的带多个活性中心的支化链，与双烯类单体不同，多官能自由基引发体系的活性链不是带有端双键的线性聚合物而是带有多个活性中心的支化链分子。随着反应的进行，部分支化链发生双基耦合终止，形成交联结构。随着凝胶点的出现，体系的黏度急剧增加，带有活性端基的分子链的运动能力减弱，活性链运动能力的下降直接导致双基耦合终止反应受到抑制，而小分子单体的运动能力受到的影响较小。因此，在凝胶点以后，小分子单体的聚合反应仍不断发生，致使聚合物网络的支链长度不断增长，而交联密度增长不大。因此，可以确定在多官能自由基聚合反应中，通过结合动力学效应，能够有效控制并获得部分交联聚丙烯酰胺。

通过大量的理论计算和实验研究，发现有三类多官能自由基引发体系可以制备 B-PPG，即金属类引发体系、多元醇类引发体系及胺类引发体系。根据合成 B-PPG 引发体系的不同，B-PPG 大致可分为以下三类，即金属类 B-PPG、多元醇类 B-PPG 和胺类 B-PPG。

二、金属类 B-PPG

1. 引发机理

硝酸铈铵常用做接枝聚合反应的引发剂，可以在聚合物分子链上形成自由基活性点产生接枝反应。作为氧化剂，硝酸铈铵与多元醇发生氧化还原的夺氢反应后可在羟基邻位碳原子上形成自由基，由于多元醇分子中含有多个羟基官能团，因此可以形成多官能引发体系，从而引发乙烯基单体的聚合，引发过程如下。

$$Ce^{4+} + R-\underset{H}{\overset{H_2}{C}}-OH \longrightarrow Ce^{3+} + R-\overset{\cdot}{C}-OH$$

当还原剂选用丙三醇时，硝酸铈铵即可在丙三醇上形成多个活性点，同时引发丙烯酰胺单体的聚合。硝酸铈铵和季戊四醇的反应曾被用于合成星型阳离子聚丙烯酰胺，但是其合成的工艺配方设计主要是为星型聚合物而制定，交联结构是其工艺调整中需要避免的，而笔者则是利用该引发体系获得具有部分交联结构的 B-PPG。

2. 合成方法

分别称取一定比例的硝酸铈铵、多元醇于烧杯中，用去离子水溶解，将称取的丙烯酰胺加入三颈瓶中，加入定量的去离子水使其完全溶解。三颈瓶置于确定温度的水浴中，搅拌均匀，通氮气除氧 15～30min，然后依次加入硝酸铈铵和多元醇溶液，搅拌均匀。待反应体系开始聚合，黏度明显增加时，停止鼓氮气，绝热反应至温度恒定后，80～90℃下保温 2～4h。取出凝胶，切碎至 1～3mm 粒径，70～90℃烘干，粉碎筛分备用。

三、多元醇类 B-PPG

虽然硝酸铈铵和多元醇引发体系可以合成结构可控的 B-PPG，但铈盐为重金属，毒性较大，注入地下会对环境造成污染，因此，以过氧化物代替硝酸铈铵对复合多元醇引发体系进行改进。

1. 引发机理

研究表明，过硫酸钾（KPS）也可以产生与硝酸铈铵类似的作用，在多元醇上形成多官能引发活性点。

2. 合成方法

分别称取一定比例的KPS、亚硫酸氢钠和丙三醇于烧杯中并用去离子水溶解，称取定量的丙烯酰胺加入三颈瓶中，加入去离子水使其完全溶解。三颈瓶置于确定温度的水浴中，将丙三醇溶液加入三颈瓶中搅拌均匀，通氮气除氧 15～30min，然后依次加入 KPS 和亚硫酸氢钠溶液，搅拌均匀。待反应体系开始聚合，黏度明显增加时，停止鼓氮，绝热反应至温度恒定后，80～90℃下保温 2～4h。取出凝胶，切碎至 1～3mm 粒径，70～90℃烘干，粉碎筛分备用。

四、胺类 B-PPG

绝大多数氧化还原引发体系只具有引发功能。自 20 世纪 50 年代，尤其是 80 年代之后，我国部分高分子科学家陆续报道了氧化还原引发体系中的某个组分，特别是带有可聚合双键的胺类还原剂（也即自身还原性引发型单体），既能引发，又能发生自由基聚合。甲基丙烯酸二甲基胺基乙酯（DMAEMA）即是这样一种胺类还原剂。已有的研究中，DMAEMA 的主要作用是在聚合物链中引入支化结构或者季铵盐结构。Lowe 报道（Lowe and McCormick，2002），采用 DMAEMA 作为季铵盐单体的前驱体，合成了带有阳离子基团季铵盐和阴离子基团羧基或磺酸基的两性聚合物。Wang 和 Xu（2006）报道，在接枝丙烯酸酯到羟丙基纤维素的工作中，可利用 DMAEMA 提高支化活性点。

笔者创新性地将 DMAEMA 引入氧化还原引发体系形成多官能引发体系，成功制备了结构可控的 B-PPG。

1. 引发机理

作为可聚合多官能功能引发剂，DMAEMA 带有可聚合的双键和能与过硫酸盐发生氧化还原反应，产生活性点的叔胺基团，引发机理如图 1-2 所示。

KPS 与 DMAEMA 上的叔胺结构发生氧化还原反应，产生了两种自由基，氧自由基和碳自由基，这两种自由基均可在水溶液中引发单体丙烯酰胺聚合。在氮原子的邻位形成的碳自由基引发单体聚合后形成了端基带有活性自由基的支化链结构。同时由于 DMAEMA 上还有可聚合双键，因此，可以在丙烯酰胺单体的聚合过程中作为共聚单体聚合进入主链，因此 DMAEMA 在此处相当于一种具有三个活性官能团的多官能可聚合功能性单体，其聚合进入聚合物主链及产生支化链结构的反应方程式如图 1-3 所示。

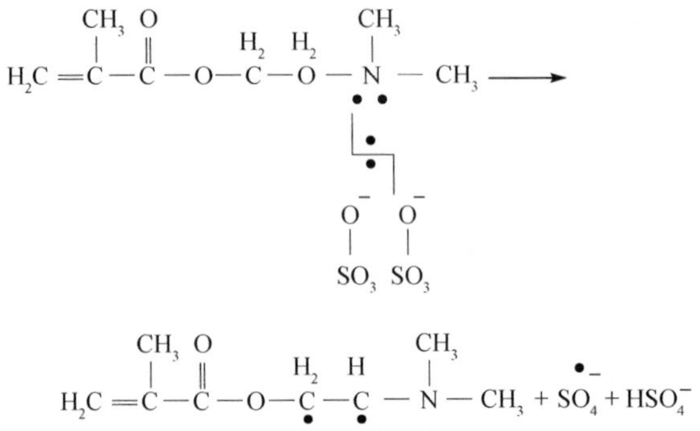

图 1-2　DMAEMA 与 KPS 引发反应方程式

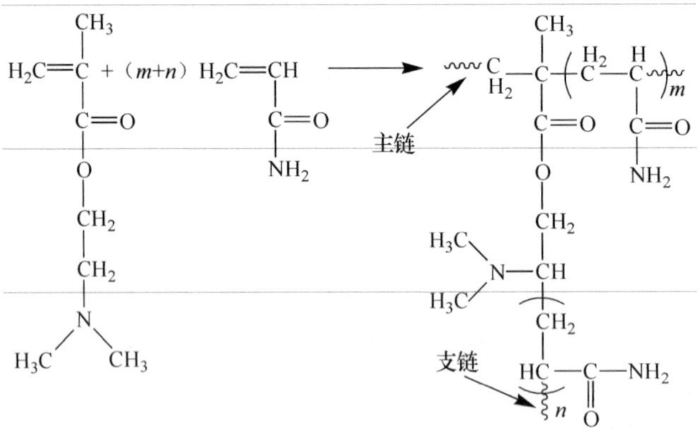

图 1-3　DMAEMA 引发丙烯酰胺单体聚合反应方程式

传统的聚丙烯酰胺的水溶液聚合中，终止方式主要以双基终止为主，因此，可以肯定，B-PPG 中的部分交联结构是由 DMAEMA 引入的带有活性点的支化链端相遇后双基耦合终止产生的。

2. 合成方法

分别称取一定比例的 KPS、亚硫酸氢钠和 DMAEMA 于烧杯中，用一定量去离子水溶解，称取定量的丙烯酰胺加入三颈瓶中，加入定量的去离子水使其完全溶解。三颈瓶置于确定温度的水浴中，将 DMAEMA 溶液加入三颈瓶中搅拌均匀，通氮气除氧 15~30min，然后依次加入 KPS 和亚硫酸氢钠溶液，搅拌均匀。待聚合开始，黏度明显增加时，停止鼓氮，绝热反应至温度恒定后，80~90℃下保温 2~4h。取出凝胶，切碎至 1~3mm 粒径，70~90℃烘干，粉碎筛分备用。

第二节 性能评价方法

一、B-PPG 理化性能测定

（一）B-PPG 悬浮液配制

由于部分交联结构的存在，B-PPG 在水或者盐水中不能完全溶解，只能溶胀形成悬浮液。

配制方法是准确称取（0.5/s）g 一定目数的 B-PPG 粉末（s 为固含量），精确至 0.0001g，开启恒速磁力搅拌器在 500r/min 下沿漩涡壁缓慢加入到 100mL 盐水中，搅拌 10～15min，所得溶液浓度为 5000mg/L。所用盐水可根据目标油藏矿化度及盐离子浓度进行配制，常用盐水配方如表 1-1 所示。如不特殊说明，B-PPG 悬浮液所用盐水为 30000mg/L。

表 1-1 不同矿化度盐水配方

矿化度/(mg/L)	H_2O/mL	NaCl/g	$CaCl_2$/g	$MgCl_2 \cdot 6H_2O$/g	Na_2SO_4/g
6666	1000	6.191	0.2414	0.3514	0.0696
19334	1000	17.4578	1.1433	0.863	0
30000	1000	27.3067	1.11	3.833	0
50000	1000	42.758	2.825	8.917	0

（二）检测项目

1. 外观

外观反映了 B-PPG 的颜色、状态，在自然光下，用肉眼观察即可。

2. 固含量

固含量是指聚合物干粉或胶状及乳液状聚合物除去水分等挥发物质后固体物质的含量，通常用百分数表示。它是评价聚合物质量性能的一个重要指标。干粉状 B-PPG 是由其凝胶状产品经过烘干、造粒和筛分后得到的，产品中不可避免会带有一定量的水分。一般要求 B-PPG 的固含量应在 86%以上。

B-PPG 固含量的测试方法为：称量清洁且已干燥至恒重的称量瓶质量，精确至 0.0001g，记为 m_1。在已恒重的称量瓶中加入约 2gR-PPG 试样，使试样均匀平铺于称量瓶中，精确至 0.0001g，记为 m_2。将装有试样的称量瓶置于恒温干燥箱中，于（105±2）℃下恒温烘干 2h，取出称量瓶，放入干燥器内，冷却 30min 后称量，精确至 0.000 1g，记为 m_3。固含量 s 按下式计算：

$$s = \frac{m_3 - m_1}{m_2 - m_1} \times 100\%$$

式中，m_1 为称量瓶质量，g；m_2 为烘干前（称量瓶＋样品）质量，g；m_3 为烘干后（称量瓶＋样品）质量，g。

将一个样品做三个平行样，然后以算术平均值作为测定结果。

3. 水解度

水解度是指 B-PPG 在 NaOH 作用下酰胺基转变成的，羧基的链节在 B-PPG 链节中所占的百分数。B-PPG 样品的水解度按照国标 GB 12005.6—89 进行测试。

具体测试方法为：用称量瓶采用减量法称取 0.028～0.032gB-PPG 样品，精确至±0.000 1g，三个试样为一组。将盛有 100mL 蒸馏水的锥形瓶放在电磁搅拌器上，调节转速至漩涡深度达 1cm 左右，将试样加入至完全溶胀，该悬浮液可直接进行水解度测试。用两支体积比相同的滴管向悬浮液中分别加入一滴甲基橙和一滴靛蓝二磺酸钠指示剂，悬浮液变为黄绿色。然后用盐酸标准溶液缓慢滴定该悬浮液，当颜色由黄绿色变为浅灰色时即为滴定终点，记录消耗盐酸标准溶液的毫升数，进行水解度计算的公式如下：

$$HD = \frac{c \cdot V \times 71 \times 100}{1\,000m \cdot s - 23c \cdot V}$$

式中，HD 为水解度，%；c 为盐酸标准溶液的物质的量浓度，mol/L；m 为 B-PPG 试样的质量，g；s 为 B-PPG 试样的固含量，%；23 为丙烯酸钠（AANa）与丙烯酰胺（AM）链节质量的差值；71 为与 1.00mol/L 盐酸标准溶液相当的 AM 链节的质量；V 为消耗盐酸的体积，mL。

每个试样至少测试三次，取平均值作为测试结果；单个测试值与平均值的最大偏差在±1 之内，如果超过该值，则应重新取样测试。

二、B-PPG 基本应用性能测定

应用性能评价对于 B-PPG 产品是否能用于特定目的油藏驱油非常重要。通过这些性能的评价，可以确定这种部分水解聚丙烯酰胺可以在什么条件（如地层温度、矿化度、渗透率等）下使用，使用浓度在多大范围等。

（一）增黏性能评价

增黏性能是指 B-PPG 悬浮液的黏度随质量浓度变化的关系。在相同的测试条件下，B-PPG 悬浮液的质量浓度越高，黏度越大（如图 1-4 所示），并且增加的幅度越来越大。因为质量浓度升高后，B-PPG 线性支化链分子相互缠绕的机会明显增多，从而引起流动阻力的增大，所以黏度增大。通过增黏性能的测定，既可以比较不同交联度的 B-PPG 的增黏能力，也可以预测不同质量浓度时 B-PPG 悬浮液的黏度。

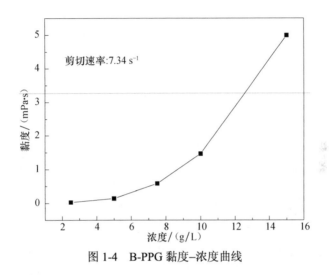

图 1-4　B-PPG 黏度–浓度曲线

（二）耐温性能评价

聚合物溶液的黏度在恒定的温度下随所选择溶剂的不同而有不同的数值；当溶剂选定之后，聚合物溶液的黏度又随温度的变化而变动。这是因为聚合物溶液内大分子与大分子之间有相互作用能的影响，而且溶液中的单个线团分子也有链段之间的相互作用能的影响。聚合物溶液的黏度随温度的升高而降低，因为温度升高，分子运动加剧，大分子之间的作用力下降，大分子的缠结点松开，同时溶剂的扩散能力增强，分子内旋转的能量增加，使大分子线团更加卷曲，所以黏度下降。这一过程是一个热力学活化过程，聚合物溶液的黏度和温度关系满足 Arrhenius-Andrade 方程：

$$\eta = A \cdot e^{E/RT}$$

式中，A 为频率因子；E 为活化能；R 为气体常数；T 为温度。

在一定的范围内，E 为常数，所以温度升高，黏度下降。

图 1-5 为在不同盐水中 B-PPG 悬浮液黏度对温度的敏感性，可以看到，在浓度为 1000mg/L 的不同类型盐离子的溶液中，随着温度的升高，B-PPG 悬浮液的黏度有一定下降，但下降速率缓慢，表明 B-PPG 有良好的耐温特性。

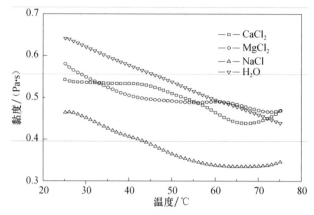

图 1-5　B-PPG 在不同盐水中悬浮液黏度随温度的变化

[$CaCl_2$] = [$MgCl_2$] = [$NaCl$] =1 000mg/L

（三）抗盐性能评价

聚合物溶液的黏度随矿化度的变化通常称为抗盐性能。由于无机盐中的阳离子有比水更强的亲电性，因而它们优先取代了水分子，与聚合物分子链上的羧基形成反离子对，屏蔽了高分子链上的负电荷，使聚合物线团间的静电斥力减弱，溶液中的聚合物分子由伸展渐趋于卷曲，分子的有效体积缩小，线团紧密，所以溶液黏度下降。聚合物的分子结构与耐盐性能有很大关系。聚丙烯酰胺抗盐性能较差，且二价阳离子比一价阳离子对聚合物溶液的黏度影响大。

由于部分交联结构的存在，B-PPG 分子结构中的网状结构对盐离子有较好的屏蔽作用。图 1-6 为 B-PPG 在不同矿化度盐水中的黏度变化曲线，可以看到，矿

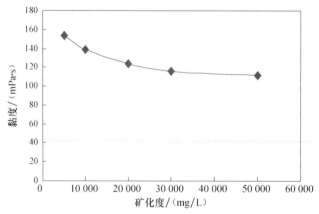

图 1-6　B-PPG 在不同矿化度盐水中的黏度变化

TDS：30 000mg/L，85℃

化度从 5 000mg/L 变化到 50 000mg/L 时，B-PPG 悬浮液黏度从 153.5mPa·s 下降为 111.5mPa·s，变化幅度很小，表明 B-PPG 具有优异的耐盐性能。

（四）老化性能评价

由于三次采油周期较长，驱油剂都存在老化现象，从而发生降解，影响驱油效果，因此了解老化机理，研究控制老化的方法，保持驱油剂的长期稳定性是非常重要的。

B-PPG 的老化性能评价测试要求悬浮液绝氧，因此采用精度高的抽空装置手套箱进行除氧操作。B-PPG 悬浮液每周取样表观黏度变化如图 1-7 所示。

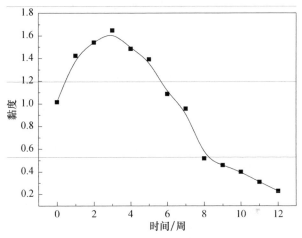

图 1-7 B-PPG 悬浮液每周取样表观黏度变化
TDS：30 000mg/L，85℃

从图 1-7 可以看出，在老化初期 B-PPG 悬浮液表观黏度持续增加，第 3 周黏度达到最高值，之后随着老化时间增加，B-PPG 黏度逐渐降低；老化 3 个月，B-PPG 黏度保留率为 22.7%。老化 3 周时，黏度达到峰值，为 1.648Pa·s，老化 4 周时，B-PPG 悬浮液黏度从初始黏度 1.016Pa·s 增长到 1.485Pa·s，不但没有下降，反而增加了约 46%。

根据老化测试结果，推测出 B-PPG 的耐老化机理，如图 1-8 所示。老化初期，部分交联点之间链段的断裂产生线性支化链，可溶性组分增多，由于缺少交联网络的束缚，分子链能够较为自由的伸展，流体力学体积明显增大，导致表观黏度显著增加。经过相当长时间的老化后，交联网络逐渐解体，表现出类似 HPAM (Hydrolyzed Polyacrylamide) 的断链方式，黏度逐渐降低。换言之，由于 B-PPG 独特的部分交联结构，大大延缓了断链的进程，是 B-PPG 耐老化的根本原因。

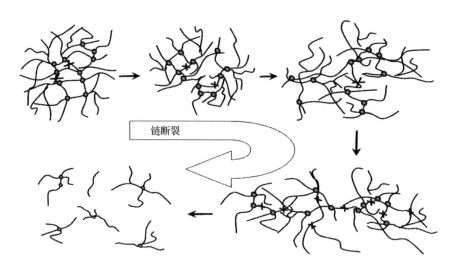

图 1-8 B-PPG 耐老化机理示意图

(五)流变性评价

聚合物的流变性是指其在力的作用下发生流动和变形的性质。聚合物的流变测试可简单地划分为稳态流动和动态振荡测试。

(1)稳态剪切(steady shear),即在一定应力(stress)或应变(strain)下的剪切流变条件下,研究材料非线性黏弹性质(nonlinear viscoelasticity),如连续形变下黏度、应力或第一法向应力差(first normal stress difference)与剪切速率(shear rate)之间的关系。稳态流变学通过测定体系的流动曲线或通过某些黏弹性参数,可获知流动时高分子链段或聚集体的剪切稳定性及取向。然而对于非均相高分子体系而言,这些信息往往有限,并且连续的大形变会造成高分子,尤其是非均相高分子的形态结构发生变化甚至被破坏,因而难以准确地获得材料结构及大分子链段自组装及其相互作用的信息。

从图 1-9 可以看出,随着剪切速率增加,悬浮液黏度降低,剪切变稀现象明显,表现为典型的非牛顿流体特性;且随着交联度的增加,B-PPG 黏度呈下降趋势,这是因为 B-PPG 为部分交联部分支化结构。随着 B-PPG 交联度增加,线性支化链数目及链长相应减少,分子间缠结作用减弱,流体力学体积变小,因此黏度降低。

(2)动态振荡剪切(oscillatory shear),即在周期性应力或应变下的振荡剪切流条件下,研究材料的线性黏弹性质(linear viscoelasticity),通过动态流变学方法测定动态模量(dynamic modulus)来获得材料结构方面的信息。耗能模量 G''(loss modulus)代表材料变形时消耗的能量或内摩擦的能量,表征材料的黏性大

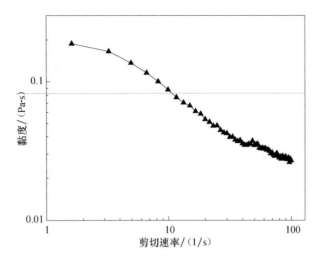

图 1-9 B-PPG 悬浮液黏度-剪切速率曲线

小。弹性模量 G'（elastic modulus），又叫储能模量（storage modulus）代表材料变形时储存的能量，这部分能量在外加应变撤销时可释放出来，表征材料的弹性大小。

图 1-10 为 B-PPG 悬浮液的动态频率扫描曲线，可以发现，随着频率增加，G' 和 G'' 均呈增大趋势。在低频时，G'' 大于 G'，随着振荡频率增大，G' 增大更快，G' 和 G'' 在 Fc 处相交，当频率大于 Fc 时，G' 高于 G''。事实上，Fc 是悬浮液表现为弹性行为占优或是黏性行为占优的分界点，频率低于 Fc 时，悬浮液更多地表现出黏性行为，而当频率高于 Fc 时，则弹性行为所占的比例更大一些。

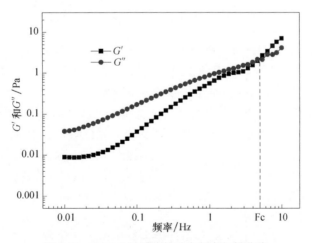

图 1-10 B-PPG 悬浮液的动态频率扫描曲线

（六）非均质调节性能

为了研究 B-PPG 的调节非均质能力，进行了双管岩心平行试验，高渗透率和低渗透率填砂管的渗透率分别为 $(1\,000\pm10)\times10^{-3}\mu m^2$ 和 $(5\,000\pm15)\times10^{-3}\mu m^2$，两平行渗流管的总孔隙体积为 $(101.6\pm0.5)cm^3$。以合注分采的方式注入盐水和 B-PPG 悬浮液，注入速度为 0.5mL/min，试验温度为 70℃。

当注入 1PV（孔隙体积）矿化度为 19 334mg/L 盐水后，改注 3PV 的 2 000mg/L 的 B-PPG 悬浮液，之后进行后续水驱。试验过程中定时记录压力变化及高、低渗透率填砂管的产液量，通过分析分流量曲线来对比研究 B-PPG 悬浮液的调驱性能。测试结果如图 1-11 所示。

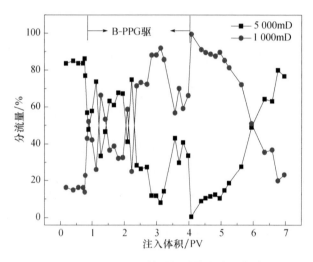

图 1-11　B-PPG 双管平行试验分流量曲线

可以看到，水驱平衡时，高渗填砂管与低渗填砂管的分流量分别为 83.5%和 16.5%，二者之比约为 5∶1，符合二者渗透率之比。但是当注入 B-PPG 悬浮液后，高渗填砂管的流量逐渐变小而低渗填砂管流量变大，产生"液流转向"。在 B-PPG 的驱替过程中，说明 B-PPG 起到了有效调整非均质填砂管剖面的作用。在 B-PPG 驱结束时，低渗填砂管的分流量甚至超过 90%。分析图 1-11 的数据还可以发现，后续水驱开始后，低渗透填砂管的分流量缓慢下降而高渗透填砂管分流量开始增加，2PV 后，高低渗透填砂管分流量相等，继而逐渐恢复聚合物驱前分流量水平，即 B-PPG 悬浮液在后续水驱开始后持续对填砂管进行调剖，液流转向在后续水驱阶段依然维持 2PV 的时间。

由此可知，B-PPG 悬浮液在平行填砂管中流动产生明显的"液流转向"现象，起到了高效的剖面调整能力，使低渗填砂管得到最大程度的开发，大大提高低渗管的波及体积，并且这种调剖作用无论是在注入 B-PPG 期间还是在后续水驱阶段均长时间持续有效，同时从 B-PPG 分流量曲线的波动可以看出，B-PPG 驱对非均质填砂管的剖面调整随着 B-PPG 颗粒在多孔介质中运移而呈现一种动态的调剖过程。

（七）驱油效率评价

驱油效率试验是室内评价聚合物驱的一个非常重要的环节。任何一种新型驱油剂，在应用于矿场之前，都必须要进行大量的物理模拟试验，验证与油藏岩心的配伍性及提高采收率程度等，针对优选的驱油剂进行不同注入浓度、注入段塞、注入速度等的驱油试验，优选出合适的注入方案。试验模型在初选阶段可以用石英砂填充管式模型，然后可进行实际油藏岩心试验，还可以用三维非均质模型模拟地层的非均质性。

对 B-PPG 进行了单管驱油试验，驱油试验结果如图 1-12 所示，可以看到，B-PPG 最终采收率达 76.22%，水驱后采收率提高 14.43%。与 HPAM 相比，最终采收率提高了 4‰。

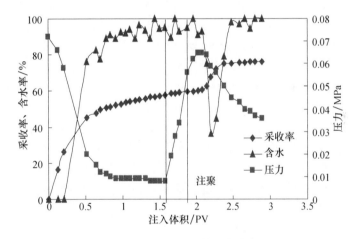

图 1-12　B-PPG 驱油试验曲线

第二章 非均相复合驱油体系各组分相互作用研究

根据提高采收率原理，提高原油采收率有两种途径，即扩大波及体积和提高洗油效率。不同化学驱油剂在提高采收率方面发挥的作用各不相同。岩心试验表明，黏弹性颗粒 B-PPG 驱能够迅速使液流转向，极大程度地扩大波及体积，而且由于 B-PPG 颗粒在压力驱动下，在地层中不断重复堆积—封堵—变形通过的过程，其对剖面的调整持续时间长。与聚合物驱和复合驱相比，B-PPG 驱波及程度非常高，未扫及的区域极少，且在聚合物驱后 B-PPG 能够控制已经形成的优势通道，发生液流转向，充分扩大波及体积，重新分布剩余油。但由于缺乏洗油能力，B-PPG 提高采收率的程度并不高。聚合物能够提高驱替相黏度，但是在聚合物驱后油藏应用扩大波及能力有限。而表面活性剂有较强的洗油能力，能够进一步提高驱油效率。综合以上研究，为了在聚合物驱后油藏既扩大波及体积，又提高驱油效率，因此，将以上三种化学剂组合在一起，形成由 B-PPG、表面活性剂、聚合物三相组成的非均相复合驱油体系，利用 B-PPG 突出的剖面调整能力，充分改善地层的非均质性，利用聚合物增黏和提高悬浮性，利用表面活性剂洗油能力，使体系达到最佳驱油效果（俞稼镛和宋万超，2002）。

由于体系由多组分构成，体系各组分间的相互作用是否对体系的协同效应产生影响尚不明确，因此，通过多种研究手段开展了非均相复合驱油体系各组分相互作用的研究工作。

第一节 复配体系在溶液中的相互作用

为对聚合物复配体系进行研究，使用两种矿化水分别配制了聚合物与 B-PPG 总浓度为 1500mg/L 的聚合物复配体系。复配时以驱油聚合物 HPAM、AP-P5 为主要组分，加入少量 B-PPG。恒聚 HPAM 与 B-PPG 复配标记为 H-X（19334mg/L 和 32868mg/L 矿化度下分别标记为 19H-X 和 32H-X），AP-P5 与 B-PPG 复配标记为 A-X（19334mg/L 和 32868mg/L 矿化度下分别标记为 19A-X 和 32A-X），各样品中聚合物和 B-PPG 含量分别如表 2-1 所示。

表 2-1　各样品中聚合物和 B-PPG 含量

标号	聚合物/(mg/L)	B-PPG/(mg/L)
1	1500	0
2	1375	125
3	1250	250

采用共振光散射、动态光散射和拉曼光谱测试对驱油聚合物与 B-PPG 复合体系溶液的聚集性质进行研究。

一、共振光散射

在光学中的定义，散射就是由于介质中存在的微小粒子（异质体）或者分子对光的作用，使光束偏离原来的传播方向而向四周传播的现象。当介质中粒子的直径 $d \leqslant 0.05\lambda_0$，产生以瑞利散射为主的分子散射。在各向同性的均匀介质中，在远离分子吸收带处的散射光强度与入射光波长的 4 次方成反比，即遵循瑞利散射定律：$I \propto 1/\lambda^4$。实际上所有的吸收过程都与光散射紧密相连，总有少量被吸收的光又以光散射的形式发射出来，当入射光波长位于或接近分子的吸收带时，由于电子吸收电磁波的频率与散射光的频率相同，电子因共振而强烈吸收散射光的能量再次发生散射，其散射强度较简单的瑞利散射高几个数量级，此时散射不再遵从瑞利定律。这种现象叫共振光散射或共振光增强的瑞利散射或共振瑞利散射（resonance rayleigh scattering，RSS）。

理论上，我们假设溶液中的聚集体是球形的，在理想情况下，即假设粒子的尺寸（直径 d）相对于光的波长很小，并且聚集体的折光率与介质的折光率的比值(n_{sph}/n_{med})不是很大，我们定义从入射光散射的能量（在所有方向）与入射光强度的比值叫做散射截面比(C_{sca})。当仪器常数固定后，光散射的强度正比于散射截面比

$$C_{sca} = (\pi r^2)\left(\frac{8}{3}\right)\chi^4\left[\frac{(m^2-1)}{(m^2+2)}\right]^2$$

式中，r 为聚集体的半径；m 为聚集体的折光率与介质的折光率的比值($m=n_{sph}/n_{med}$)；χ 为尺寸参数($\chi=2\pi r n_{med}/\lambda$)。可以看出，散射强度直接正比于每个聚集体的尺寸大小，聚集体的尺寸越大，共振光散射信号越强。

共振光散射光谱是利用 Hitachi F-4500 型荧光分光光谱仪(日本日立公司)进行测试得到的。测定参数如下：狭缝宽度(ex/em)为 5nm/5nm，激发与发射谱在 200～600nm 的波长范围内进行同步扫描，即 $\lambda_{ex}=\lambda_{em}$（$\Delta\lambda=0$nm）。然后在最大共振散射光谱峰($\lambda_{max}$)

处得出散射强度(I)和时间空白的散射强度(I_0),所以 $I_{RLS}=I-I_0$。利用共振光散射可以研究聚合物的聚集形态,不同结构的驱油聚合物聚集态的散射强度不同。

降解前各体系在初始时的共振光散射图谱如图 2-1 所示,从图中可以看出,各复配体系的共振光散射强度在 280nm 处,因此在数据处理中我们以 280nm 处光强进行对比即可达到对各体系共振光散射特征对比的效果。

(一) AP-P5 与 B-PPG 复配体系

45℃下降解时间对 19A-X 复配体系共振光散射强度的影响如图 2-2 所示。从图中我们可以看出,在降解时间为 0h 时,随着 B-PPG 用量的增加、AP-P5 用量的减少,从 19A-1 到 19A-4 共振光散射强度并非一味降低或升高而表现出一定的

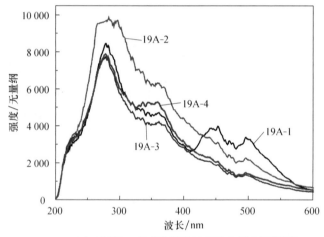

(a) 19 334mg/L 矿化度下 AP-P5 与 B-PPG 复配体系

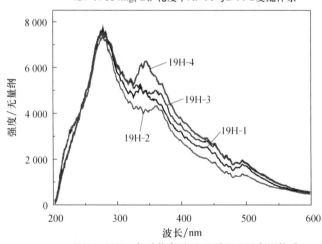

(b) 19 334mg/L 矿化度下 HPAM 与 B-PPG 复配体系

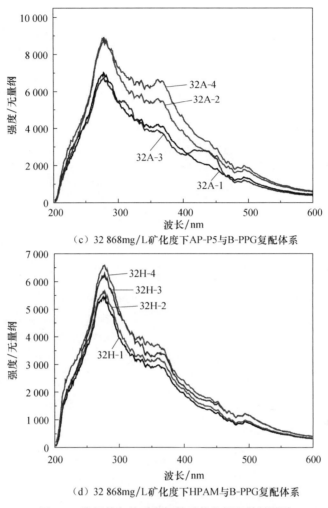

（c）32 868mg/L矿化度下AP-P5与B-PPG复配体系

（d）32 868mg/L矿化度下HPAM与B-PPG复配体系

图2-1 降解前各体系在初始时的共振光散射图谱

波动，且以19A-2为大，但到240h时19A-2体系共振光散射强度则降低到与19A-3强度相近，且加入B-PPG的体系共振光散射强度要低于单纯的AP-P5，这意味着加入B-PPG后聚合物复配体系分子聚集体尺寸降低，这是由于B-PPG相对于AP-P5而言具有的更强的网络结构单分子量远远低于AP-P5，从而使保持聚合物总量不变情况下B-PPG的加入对AP-P5无改善作用，其原因在于分子尺寸的降低往往意味着黏度的降低。

同时，从图2-2中我们可以看出随着降解时间的延长各聚合物复配体系共振光散射强度大幅降低，这充分反映出聚合物分子聚集体尺寸的大幅降低，进一步导致黏度的降低，即复合体系抗老化较差。

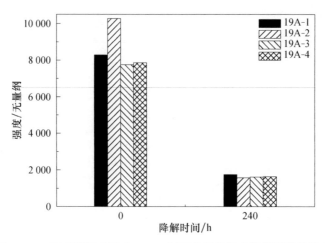

图 2-2　45℃下降解时间对 19A-X 复配体系共振光散射强度的影响

降解温度对 AP-P5 与 B-PPG 复配体系共振光散射强度的影响如图 2-3 所示。从图中可以看出随着温度的升高各复配体系共振光散射强度均表现为先升后降，在 55℃下达到最大，这可能是略微升高温度会有利于 AP-P5 与 B-PPG 更好地发生相互作用，而温度升高过大则会导致分子运动加剧过度从而增加分子间相互作用的难度，反而不利于 AP-P5 与 B-PPG 的复配。

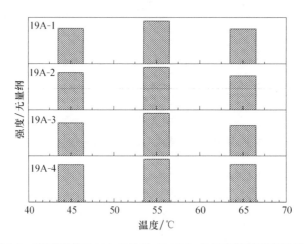

图 2-3　降解温度对 19A-X 体系（240h）共振光散射强度的影响

矿化度对 AP-P5 与 B-PPG 复配体系共振光散射强度的影响如图 2-4 所示。从图中可以看出，随着矿化度的增大，共振光散射强度略有降低但幅度不大，这表明，复配体系具有较好的抗盐性。

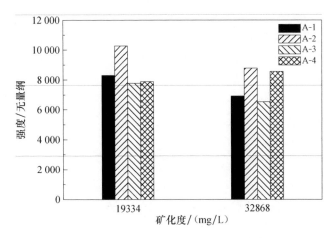

图 2-4　矿化度对 AP-P5 与 B-PPG 复配体系共振光散射强度的影响

（二）恒聚 HPAM 与 B-PPG 复配体系

45℃下降解时间对 19H-X 复配体系共振光散射强度的影响如图 2-5 所示。从图中我们可以看出，在降解时间为 0h 时，随着 B-PPG 用量的增加、HPAM 用量的减少，从 19H-1 到 19H-4 共振光散射强度并非一味降低或升高而表现出一定的波动，且以 19H-3 为大，但到 240h 时 19H-2 体系共振光散射强度则降低到与其他体系强度相近。

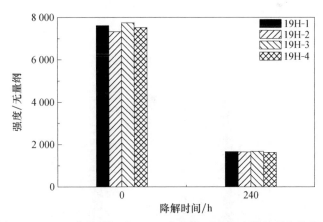

图 2-5　45℃下降解时间对 19H-X 复配体系共振光散射强度的影响

同时，从图 2-5 中我们可以看出随着降解时间的延长各聚合物复配体系共振光散射强度大幅降低，这充分反映出聚合物分子聚集体尺寸的大幅降低，进一步导致黏度的降低，即复合体系抗老化较差。

降解温度对 HPAM 与 B-PPG 复配体系共振光散射强度的影响如图 2-6 所示。从图中可以看出随着温度的升高各复配体系共振光散射强度表现为先升后降,在 55℃下达到最大,这可能是略微升高温度会利于 HPAM 与 B-PPG 更好地发生相互作用,而温度升高过大则会导致分子运动加剧过度从而增加分子间相互作用的难度,反而不利于 HPAM 与 B-PPG 复配。

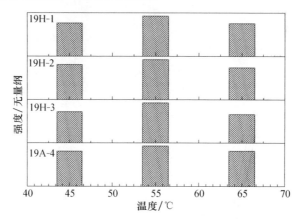

图 2-6　降解温度对 19H-X 体系（240h）共振光散射强度的影响

矿化度对 HPAM 与 B-PPG 复配体系共振光散射强度的影响如图 2-7 所示。从图中可以看出,随着矿化度的增大,共振光散射强度略有降低但幅度不大,这表明,复配体系具有较好的抗盐性。同时在矿化度为 32 868mg/L 时,随着 B-PPG 用量的增大、HPAM 用量的降低,复配体系共振光散射强度逐步升高,这表明 B-PPG 对 HPAM 抗盐性有显著改善,这与 B-PPG 的网络结构有关,其结构抗盐性好,其的加入对线性大分子 HPAM 抗盐作用明显。

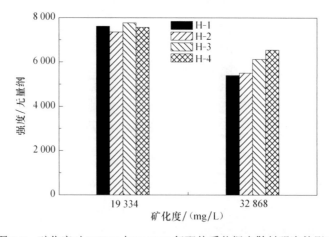

图 2-7　矿化度对 HPAM 与 B-PPG 复配体系共振光散射强度的影响

二、动态光散射

用美国 Wyatt 公司 DAWN HELEOS 多角度激光光散射仪的 QELS 附件单机作为动态光散射测定手段进行离线样品分析，可得到指定浓度的聚合物溶液的流体动力学半径信息。利用动态光散射测定，通过溶剂中聚集体的光散射强度对流体动力学半径 R_h 作图，获得聚集体颗粒的分布。

光散射数据的收集和结果的计算由 ASTRA 5.3.2.10 软件处理得到。光散射用水均为 MST-I-10 超纯水机配备 sartorius(0.45+0.2)μm 终端微滤器处理得到。配置的水溶液体系经 0.8μm 纤维素酯材料过滤头直接滤入闪烁瓶中。为达到光散射实验要求的无尘条件，所有的闪烁瓶在用前都置于丙酮洗提器中将内外表面冲洗干净并用锡箔纸包裹备用。

试验中，取 100μL 复配的聚合物溶液，用相应的矿化水稀释至 10mL，使各复配体系浓度稀释为 15mg/L，再用 800nm 微孔过滤膜过滤至干净的光散射瓶中，静置过夜后测定。

（一）AP-P5 与 B-PPG 复配体系

从图 2-8 中可以看出，加入 B-PPG 后，随着加入量的增加，水动力学半径（Rh）并未单向变化，有的增大，有的则减小，45℃下 19A-2 体系最大，而在 55℃和 65℃下则是 19A-3 体系大，由于在地层油藏中温度较高，因此以 19A-3 为研究对象更为合适。

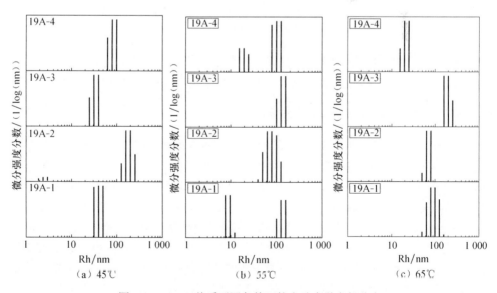

图 2-8　19A-X 体系不同条件下的水动力学半径分布

降解温度对 19A-3 复配体系共振光散射强度的影响如图 2-9 所示。从图中可以看出随着温度的升高各复配体系水动力学半径逐步增大,这表明,随着温度的升高复配体系中各分子更加容易聚集成大分子聚集体从而使水动力学半径随着温度的升高而增大。

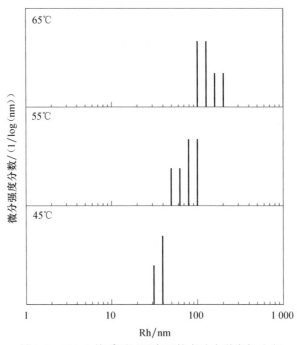

图 2-9　19A-3 体系不同温度下的水动力学半径分布

矿化度对 19A-3 复配体系 Rh 的影响如图 2-10 所示。从图中可以看出,随着矿化度的增大,Rh 略有降低但幅度不大,这表明,19A-3 复配体系具有较好的抗盐性。

(二)恒聚 HPAM 与 B-PPG 复配体系

从图 2-11 中可以看出,加入 B-PPG 后,随着加入量的增加,水动力学半径 Rh 并未单向变化,45℃下 Rh 先增大后降低,而在 55℃和 65℃下 B-PPG 加入后 Rh 均较未加入 B-PPG 前小,由于在地层油藏中温度较高,因此以 65℃下研究复配体系性质以 19H-2 为研究对象更为合适。

降解温度对 19H-2 复配体系光散射强度的影响如图 2-12 所示。从图中可以看出随着温度的升高各复配体系的 Rh 均低于升温前,其原因可能是恒聚 HPAM 为线性大分子,其与网状 B-PPG 作用时 B-PPG 随着温度的升高分子运动剧烈导致 B-PPG 与恒聚 HPAM 作用降低,而随着温度升高,HPAM 分子运动剧烈出现缠绕,导致 Rh 随着温度的升高出现先降低后升高的趋势,总体而言,B-PPG 与 HP-

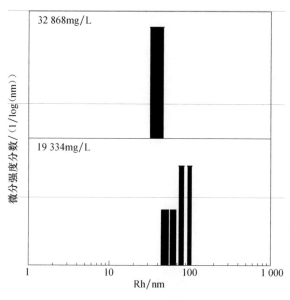

图 2-10　矿化度对 19A-3 复配体系 55℃下水动力学半径的影响

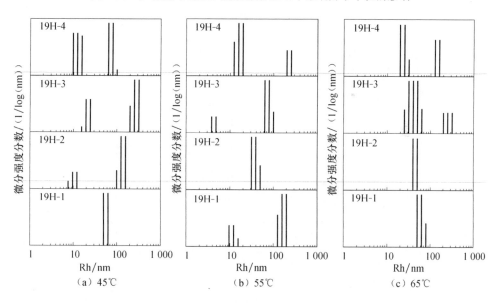

图 2-11　19H-X 体系不同条件下的水动力学半径分布

AM 在高温下作用较低温下差。

矿化度对 19H-2 复配体系 45℃下水动力学半径的影响如图 2-13 所示。从图中可以看出，随着矿化度的增大，Rh 略有降低，这表明，19H-2 复配体系具有一定的抗盐性。

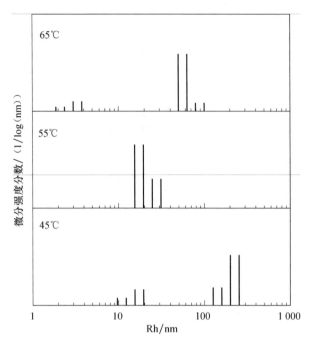

图 2-12　19H-2 体系不同温度下的水动力学半径分布

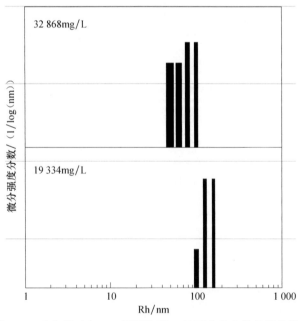

图 2-13　矿化度对 19H-2 复配体系 45℃下水动力学半径的影响

第二节 聚合物与黏弹性颗粒驱油剂相互作用对体系黏弹性影响

复合体系相互作用可通过黏弹性的变化进行表示,只有在动态试验即小振幅振荡剪切流中才能将黏性和弹性充分显示出来,动态流变仪的目的是探测在动态条件下聚合物的分子结构和黏弹特性的变化特性。应力扫描(stress sweep)是给样品在恒定的频率下施加一个范围的正弦应力,在每个施加的应力上,做连续测试,试验中所要确定的参数有频率、温度和应力扫描(对数扫描或线性扫描)方式。应力扫描也可用来确定测量的线性黏弹区,以及对测量非线性性质的表征。应力控制型流变仪采用动态频率扫描模式,在一定的应力幅度和温度,施加不同的频率,频率的增加或减少可以是对数的和线性的,或者是产生一系列离散的频率。在频率扫描(frequency sweep)中,需要确定的参数是应力幅度、频率扫描(对数扫描、线性扫描和离散扫描)方式和试验温度(康万利,2001)。

动态流变试验的目的是引入表征材料属性的物质函数和参数,通过这些与应力分量及应变分量相联系的函数可以解析试样所处的状态,进而描述具有可逆凝胶效应聚合物的溶胶-凝胶转变过程。

需要指出的是,所谓的弹性与黏性都是相对而言的,在某一给定的实验中,聚合物溶液的特定响应取决于与其特征时间有关的试验时间标度,即时变性。若试验相对缓慢,聚合物溶液呈现黏性,反之则呈现弹性,只有在适宜的时间标度才能观察到黏弹性响应。线性黏弹性是指聚合物溶液的流变特性,在此范围内,应力与应变以线性关系为特征,微分方程亦为线性,且二者对时间求导的系数是常数,而这些常数又是评价聚合物溶液状态的重要参数。因此,流变参数的测定一般在聚合物溶液的线性黏弹性范围内进行。

混合体系流变性用 RS6000 控制应力流变仪(德国 Haake 公司生产)测试,测量温度依试验条件分别为(45.0 ± 0.1)℃、(55.0 ± 0.1)℃和(65.0 ± 0.1)℃,采用 Z41Ti 转子测量。频率实验采用振荡(OSCillator,OSC)模式,在频率扫描之前,首先在固定频率 1Hz 下,进行应力扫描,确定体系的线性黏弹性应力区,选择线性区的应力值(0.1Pa),进行频率扫描,频率范围为 $0.01\sim10$ Hz。

一、AP-P5 与 B-PPG 复配体系

如图 2-14 中所示,就黏弹性而言,除 19A-1 在低频区($f<0.5$Hz)初始样品弹性模量 G' 与黏性模量 G'' 基本相当,其余样品的 G'' 始终大于弹性模量 G',而当 $f>0.5$Hz 时,黏弹性出现大幅震荡,但各样品均总体弹性模量 G' 始终大于黏

性模量 G''，其主要原因为：当频率很低时，分子有足够的时间蠕变，摆脱缠绕，缓慢和相互超越地流动，分子或分子链接可维持其最小能量状态，因为弹性链节的部分拉伸作用已经随物质流动而同时松弛了，聚合物液体在形变速率缓慢时黏性占优势，弹性不明显；而快速形变时增大的形变能量由分子内及分子间的弹性形变吸收，没有充足的时间使物质产生黏性流动。

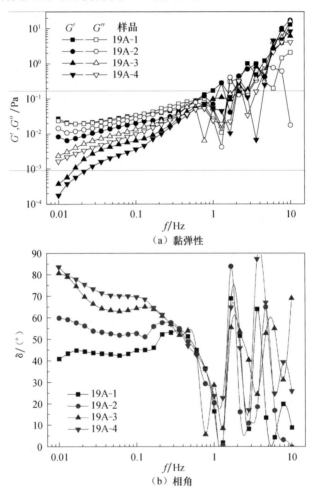

图 2-14　矿化度为 19334mg/L 时 AP-P5 与 B-PPG 复配体系 45℃下黏弹性测试

而在相角方面，则其基本表现为从 19A-1 到 19A-4 呈增大趋势，即随着 B-PPG 的加入复配体系弹性成分增大。这可能是因为凝胶颗粒 B-PPG 的加入与 AP-P5 发生作用形成更大比 AP-P5 本身因疏水缔合所形成的网络结构更强的网络结构。

但 B-PPG 并不是加入得越多越好，虽然其能增加体系弹性成分，但弹性模量 G' 和黏性模量 G'' 均随着 B-PPG 用量的增加而降低，主要原因是，随着 B-PPG

用量增加，具有网络结构的 B-PPG 分子增多，使其弹性成分增加，但用于形成网络连接的 AP-P5 分子却减少了，从而导致复配体系网络形成能力增强，但网络强度降低。

为考察二者相互作用我们进行了老化处理，45℃下分别在杂老化 120h 与 240h 时取样进行黏弹性测定（如图 2-15 所示）。

在 45℃下分别老化 120h 与 240h 时，19A-1、19A-2、19A-4 三个样品均呈现出随着老化黏弹性较初始时降低的趋势。而 19A-3 则呈现出随着老化黏弹性较初始时增高的趋势，这是由于 B-PPG 与 AP-P5 随时间作用逐渐增强的原因，综合考虑黏弹性、相角变化情况，则复配时以样品 19A-3 比例为佳，即 AP-P5 与 B-PPG 最佳复配比例为 5∶1，此时复配体系相角较大，黏弹性虽略小但随老化时间升高。

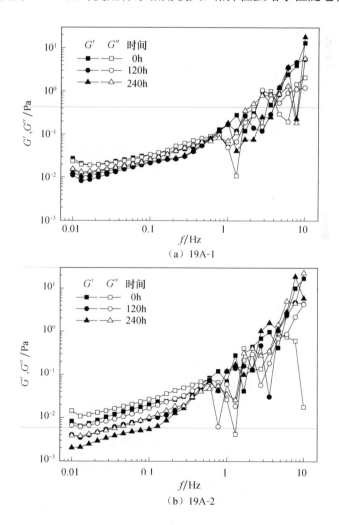

(a) 19A-1

(b) 19A-2

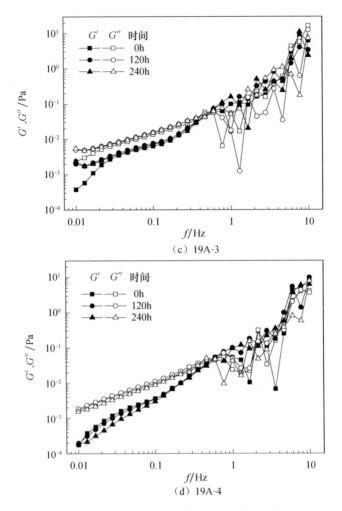

图 2-15 复配体系 45℃下老化时间对黏弹性的影响

样品 19A-3 不同温度下黏弹性测试结果如图 2-16 所示,可见随着温度的升高,复配体系黏弹性呈下降趋势,相角却有增大趋势,这表明随着温度升高黏弹性虽然下降,复配体系中弹性组分却在上升,其原因应该是随着温度升高,复配体系中 AP-P5 与 B-PPG 作用增强,更加利于形成网络结构,从而使体系中弹性成分升高。

样品 A-3 不同矿化度下黏弹性测试结果如图 2-17 所示,可见随着矿化度的升高,复配体系黏弹性略有下降但基本保持不变,相角则略有升高,但变化不大,可见 AP-P5 与 B-PPG 在复配比例为 5∶1 时具有良好的抗盐性。这可能是因为 AP-P5 本身因为疏水缔合作用就有一定的抗盐性,而 B-PPG 本身就有凝胶网络结

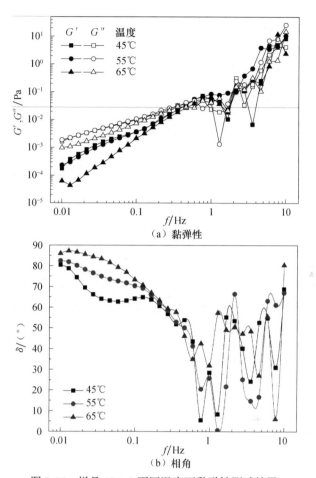

(a) 黏弹性

(b) 相角

图 2-16　样品 19A-3 不同温度下黏弹性测试结果

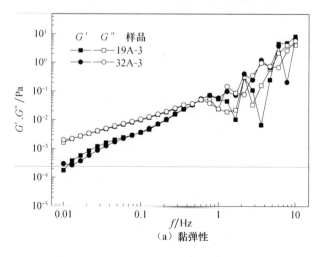

(a) 黏弹性

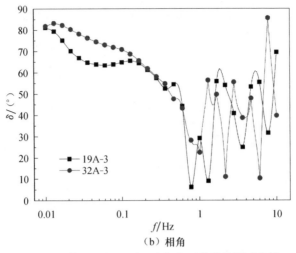

(b) 相角

图 2-17　样品 19A-3 不同矿化度下黏弹性测试结果

构,因此抗盐性更强。当将 B-PPG 加入到 AP-P5 后,两者复配形成比两者本身更加牢固的网络结构,从而使体系抗盐性增大。

二、恒聚 HPAM 与 B-PPG 复配体系

如图 2-18 中所示,在黏弹性测试中,复配体系黏弹性随着 B-PPG 用量的增多表现出先增大后减小的趋势,且 19H-2 样品优于其他样品,而相角也表现出同样的性质,因此复配体系以 19H-2 为好,即恒聚 HPAM 与 B-PPG 复配时以 11∶1 为佳。

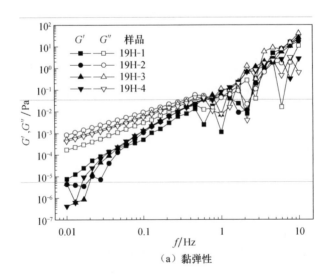

(a) 黏弹性

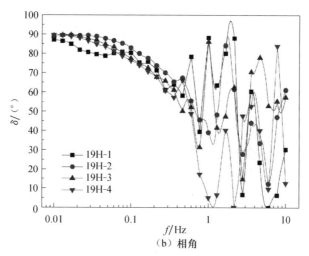

(b) 相角

图 2-18 矿化度为 19 334mg/L 时恒聚 HPAM 与 B-PPG 复配体系 45℃下黏弹性测试

如图 2-19 所示,在 45℃下分别老化 120h 与 240h 时,19H-1、19H-3、19H-4 三个样品均呈现出随着老化黏弹性较初始时降低的趋势。而 19H-2 则呈现出随着老化黏弹性较初始时增高的趋势,综合考虑黏弹性、相角变化情况,则复配时以样品 19H-2 比例为佳,即恒聚 HPAM 与 B-PPG 最佳复配比例为 11∶1。

样品 19H-2 不同温度下黏弹性测试结果如图 2-20 所示,可见随着温度的升高,复配体系黏弹性与相角均变化不大,这表明恒聚 HPAM 与 B-PPG 复配体系具有较好的耐温性。

样品 H-2 不同矿化度下黏弹性测试结果如图 2-21 所示,可见随着矿化度的升高,复配体系黏弹性略有变化但基本保持不变,相角则降低较大,可见恒聚 HPA

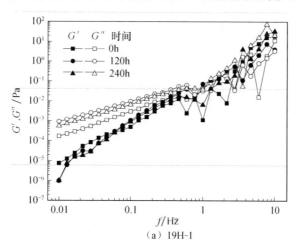

(a) 19H-1

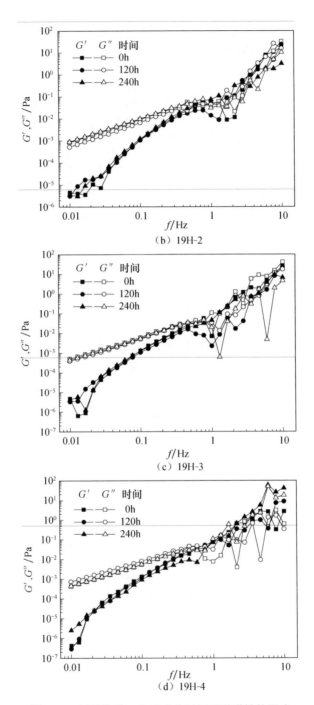

图 2-19 复配体系 45℃下老化时间对黏弹性的影响

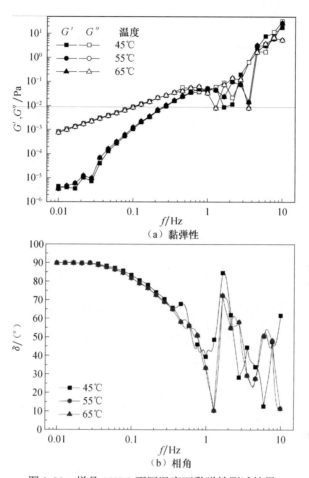

图2-20 样品19H-2不同温度下黏弹性测试结果

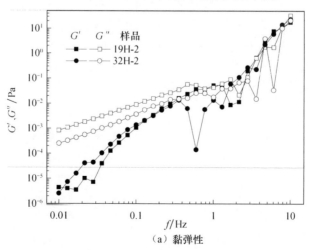

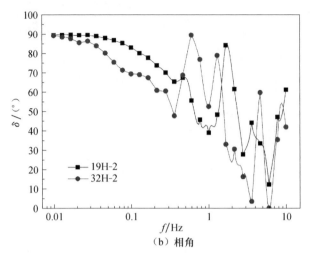

（b）相角

图 2-21　样品 H-2 不同矿化度下黏弹性测试结果

M 与 B-PPG 在复配比例为 11∶1 时具有良好的抗盐性，但由于恒聚 HPAM 抗盐性较差，复配体系的弹性主要依赖于 B-PPG，从而使相角随着盐度的升高而降低。

三、本章小结

（1）黏弹性测试与黏度测试结果均表明，在保持聚合物总量不变的情况下，不论是 AP-P5 还是恒聚 HPAM 加入 B-PPG 后黏弹性与黏度均呈下降趋势，其主要原因在于 B-PPG 的分子量远远低于 AP-P5 和 HPAM，相对而言可以理解为较小分子加入较大分子中，高分子量分子减少，复配体系黏弹性和黏度下降。

（2）在同等条件下，恒聚 HPAM 与 B-PPG 复配体系的黏弹性与黏度均要小于 AP-P5 与 B-PPG 复配体系，这与恒聚 HPAM 和 AP-P5 的分子结构有关，AP-P5 带有疏水结构，因此分子间相互作用较强，与 B-PPG 相互作用较强，AP-P5 通过疏水聚集形成疏水微区的方式结成类似网络结构，而 B-PPG 本身为凝胶网络结构，因此两者复配时，可能形成一定的互穿网络结构，从而有相对较强的作用。而恒聚 HPAM 作为线性结构与 B-PPG 作用时则作用较弱。

第三章 非均相复合驱油配方设计

第一节 非均相复合驱配方设计及性能评价

在确定目的油藏之后,需要对非均相复合驱油体系中的黏弹性颗粒驱油剂、表面活性剂及聚合物筛选,从而获得最优的配方体系,以达到最大程度的扩大波及体积以及提高洗油效率的效果。

一、非均相复合驱中黏弹性颗粒驱油剂的筛选

近年来,对非均质矛盾突出等苛刻油藏的提高采收率的研究提上日程,这需要既具有突出的调剖能力,又具有驱替能力的驱油剂。黏弹性颗粒驱油剂是胜利油田针对驱油需要,近年来利用自由基引发聚合的方法,合成出的内部结构高度枝化且含有一定量三维网状结构的新型黏弹性颗粒驱油剂。在水中该产品一方面以大分子的一端无限度的向水溶液中扩散,另一方面又以网状结构限制大分子的另一端使之适度扩散,形成一种既具有弹性特征又兼备增稠作用的黏弹性颗粒分散体系。同时由于在生产过程中已经形成网状结构,使其对地层温度、盐度等不敏感,具有性能稳定,不易受环境因素影响的特点。

(一)驱油用黏弹性颗粒驱油剂筛选的基本依据

为适应苛刻油藏的开发需要,黏弹性颗粒驱油剂应达到一定的技术指标:①黏弹性颗粒驱油剂 B-PPG 的分散体系稳定时间≥5.0h。②黏弹性颗粒驱油剂 B-PPG 的分散体系黏度≥150mPa·s。③黏弹性颗粒驱油剂 B-PPG(Ⅰ型)的分散体系弹性模量≥750mPa;黏弹性颗粒驱油剂 B-PPG(Ⅱ型)的分散体系弹性模量≥900mPa;黏弹性颗粒驱油剂 B-PPG(Ⅲ型)的分散体系弹性模量≥1000mPa。

(二)驱油用黏弹性颗粒驱油剂性能评价

通过悬浮性、黏弹性、阻力系数(resistance factor,RF)、残余阻力系数(residual resistance factor,RRF)及物模试验等手段,全面、系统地评价了黏弹性颗粒驱油剂的应用性能,在此基础上筛选出适合驱油应用的黏弹性颗粒驱油剂(崔晓红,

2001；陈晓彦，2009；曹绪龙，2013）。

1. 悬浮性能

黏弹性颗粒驱油剂 B-PPG 水溶液的悬浮性能是其能否成为驱油剂的基本参数。

试验条件：70℃、静置48h、B-PPG 浓度为 2000mg/L、试验用水为胜利孤岛中一区 Ng3 模拟注入水（Ca^{2+}、Mg^{2+}浓度为 129mg/L，总矿化度为 6666mg/L）。

表 3-1 考察了 8 种 B-PPG 样品悬浮性能及粒径大小对比结果。由表 3-1 可知，8 种 B-PPG 产品都有较好的悬浮性能，尤其是 3#～8#B-PPG 样品静置 48h 后体系仍不分层，表明这些样品能够满足长期驱替注入的需要，且 3#、6#颗粒溶胀后的粒径中值均在 500μm 以上，表明样品具有较好的溶胀能力。

表 3-1　B-PPG 的悬浮能力及粒径中值

样品编号	悬浮能力	粒径中值/μm
1#	沉降慢	199.9
2#	沉降慢	208.3
3#	不分层	655.6
4#	不分层	375.4
5#	不分层	199.7
6#	不分层	561.2
7#	不分层	497.5
8#	不分层	407.7

2. 表观黏度及黏弹性

较高的表观黏度和黏弹模量是保证驱油体系具有较大波及体积和运移能力的关键。

试验条件：70℃、B-PPG 浓度为 10000mg/L、试验用水为胜利孤岛中一区 Ng3 模拟注入水（Ca^{2+}、Mg^{2+}浓度为 129mg/L，总矿化度为 6666mg/L）

表 3-2 为 8 种 B-PPG 样品的表观黏度及黏弹性能。由表 3-2 可以看出，1#、2#B-PPG 样品基本无黏弹性，3#～8#B-PPG 样品均具有黏弹性特征，其中，6#B-PPG 样品表观黏度最高，同时其相角为 33.2°，表现出明显的弹性特征，说明该样品可以有效保证驱油体系的波及体积及运移能力。

表 3-2　8 种 B-PPG 样品的表观黏度及黏弹性能

样品编号	η/(mPa·s)	G'/Pa	G''/Pa	η_c/(mPa·s)	δ/(°)
1# PPG	54.2		0.396	63.1	90.0
2# PPG	47.9		0.314	50.0	90.0

续表

样品编号	η/(mPa·s)	G'/Pa	G''/Pa	η_c/(mPa·s)	δ/(°)
3# PPG	163.9	1.846	1.736	403.3	43.2
4# PPG	117.4	0.513	0.895	164.2	60.2
5# PPG	112.5	0.461	0.815	149.0	60.5
6# PPG	725.3	5.42	3.55	1 031.0	33.2
7# PPG	163.5	0.956	1.306	267.8	55.4
8# PPG	83.9	0.186	0.616	102.4	73.2

3. 滤过能力

滤过能力是指黏弹性颗粒驱油剂在一定压力下通过一定孔径的滤膜时的变化情况，它是影响黏弹性颗粒驱油剂注入性能的重要指标之一。

图 3-1(a)、图 3-1(b) 分别为采用自主研发的自动滤过能力评价装置测定的 B-PPG、B-PPG+HPAM 在不同压力下的滤过能力。由结果可知，当压力为 6.89kPa(1psi)时，B-PPG 随滤过时间的增加流动速率大幅度减小，此时大部分 B-PPG 颗粒在滤网端面上堆积，形成一层滤饼，阻止后续 B-PPG 通过滤膜，在端面造成封堵；但当压力升高至 103.35kPa(15psi)时，大部分颗粒能够在压力的驱动下变形通过滤膜，流动速率骤然上升且粒径变化不大，说明 B-PPG 在一定压力下具有变形通过能力。B-PPG+HPAM 复配体系与单一 B-PPG 体系表现出相似的滤过能力，但在 55.12kPa(8psi)时，复配体系滤过能力比单一 B-PPG 强。

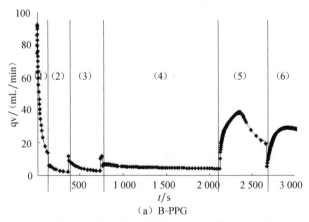

(a) B-PPG

c(B-PPG)=2 000 mg/L；P/kPa：(1) 6.89；(2) 20.67；(3) 34.45；(4) 55.12；(5) 103.35；(6) 137.80

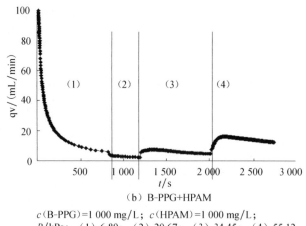

(b) B-PPG+HPAM

c(B-PPG)=1 000 mg/L；c(HPAM)=1 000 mg/L；
P/kPa：（1）6.89；（2）20.67；（3）34.45；（4）55.12

图 3-1　B-PPG 单一及复配体系在不同压力下通过 25μm 滤网时流动速率随时间的变化

4. 封堵能力

通过阻力系数与残余阻力系数试验考察黏弹性颗粒驱油剂 B-PPG 的封堵能力。

试验条件：75℃、B-PPG 浓度 2 000mg/L、人造岩心尺寸 ϕ2.54cm×30cm、试验用水矿化度为 19 334mg/L。

表 3-3 为 B-PPG 通过岩心的阻力系数（RF）与残余阻力系数（RRF）。由结果可知，B-PPG 的封堵效率均高于 97%，同时，通过观察岩心注入端面，1#、2#、5#样品在注入端面有大量颗粒堆积产生封堵，注入能力较差。

表 3-3　岩心阻力系数（RF）与残余阻力系数（RRF）

样品编号	RF	RRF	封堵效率/%
1#	158	284	99.6
2#	877	451	99.8
3#	414	265	99.5
4#	168	5.8	98.8
5#	178	159	98.9
6#	154	4.2	97.2
7#	152	133	97.6
8#	143	143	97.2

5. 运移性能

B-PPG 要作为驱油剂使用，在油藏中必须有较好的运移能力（陈晓彦，2009）。

利用 30cm 岩心及 16m、30m 长细管岩心驱替试验考察了 B-PPG 的运移能力。图 3-2～图 3-4 分别为 B-PPG 在不同长度岩心注入过程中内部压力传递曲线。

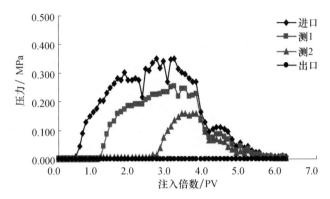

图 3-2　B-PPG 注入过程中 30cm 岩心内部压力传递曲线

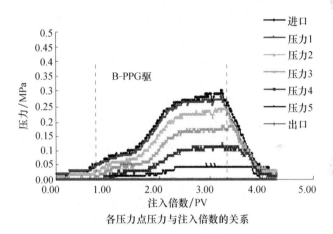

各压力点压力与注入倍数的关系

图 3-3　B-PPG 注入过程中 16m 长细管岩心内部压力传递曲线

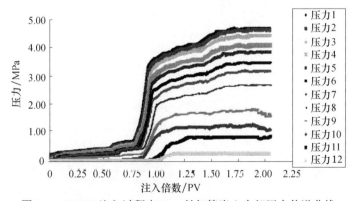

图 3-4　B-PPG 注入过程中 30m 长细管岩心内部压力传递曲线

由图 3-2 看出，在注入一定数量 B-PPG 后，B-PPG 颗粒在岩心端面堆积使压力上升，较高的压力使 B-PPG 颗粒能够变形通过孔喉，此时各测压点的压力值明显降低；B-PPG 颗粒在岩心孔隙中不断重复堆积—压力升高—变形通过—压力降低的过程，实现了在岩心内部的运移并进入岩心深部，从而产生良好的调驱效果。

图 3-3、图 3-4 同样反映出该 B-PPG 样品在多孔介质中的运移性能非常好。尤其是如图 3-4 所示试验中所用模型长达 30m，产生的压力梯度足以克服因模型短而产生的端基效应，其沿程布置了 12 个测压点，自第一点到最后一个点，各点的起压情况与其位置是对应的，即测压点距离近时，压力值也接近，测压力点距离远时，压力值的差距也大，这正是该样品良好注入性能的体现，同时也奠定了其作为调驱剂应用的基本条件。

6. 调驱性能

由于 B-PPG 在水中仅溶胀而不会溶解，不能形成均相的驱替体系，因此，作为驱油体系，其是否真正具有调驱能力，能够满足长期驱替对其注入和在岩心中的运移的要求，成为研究人员和决策者普遍关心的问题（刘煜，2013）。

图 3-5 是在渗透率级差为 3（高渗管 $3\,000\times10^{-3}\mu m^2$，低渗管 $1\,000\times10^{-3}\mu m^2$）的条件下，考察的 B-PPG 在聚合物驱后并联双管非均质模型中的分流量情况。由结果可以看出，在注入 B-PPG 驱之前，高、低渗管分流量分别为 95.8%、4.2%，注入 B-PPG 后逐渐出现液流转向，低渗管分流量由 4.2%上升至 98%，高渗管分流量由 95.8%下降至 2%，分流量出现锯齿状波动变化反映了 B-PPG 的"驱替—堵塞—驱替"交替过程；B-PPG 流体转向能力强，实现了高低渗条件下分流量的反转。这种分流量调整在后续水驱阶段持续有效，表明该 B-PPG 具有较长期持续的剖面调整和驱替能力。

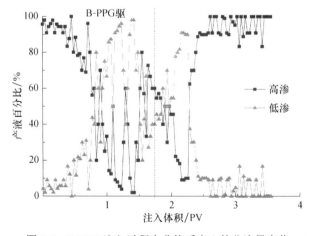

图 3-5　B-PPG 注入过程中非均质岩心的分流量变化

7. 热稳定性

B-PPG 的热老化性能是评价产品稳定性的重要参数。实验测试了绝氧条件下 B-PPG 的热稳定性能，同时对比了聚合物的热稳定性。

实验条件：孤岛中一区 Ng3 油藏条件。

PPG 浓度：5 000mg/L。

图 3-6、图 3-7 分别为 B-PPG 与聚合物的黏度及弹性模量长期热稳定性。由结果可以看出，B-PPG 随老化时间的延长，黏度明显增大，放置 30 天表观黏度高达 208mPa·s，表现出独有的增黏现象。随表观黏度的升高，其弹性模量减小，但在 15 天时仍高达 4.4Pa。而聚合物的表观黏度和弹性模量随放置时间的增长而逐渐降低，30 天时表观黏度仅为 7.6mPa·s。

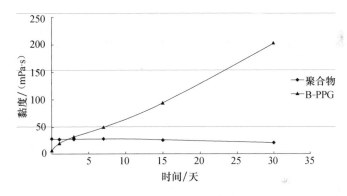

图 3-6　B-PPG 与聚合物黏度数据对比

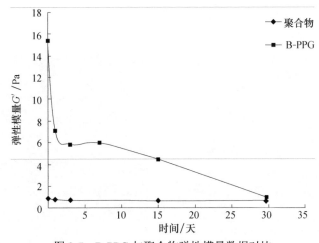

图 3-7　B-PPG 与聚合物弹性模量数据对比

二、驱油用表面活性剂的筛选

根据提高石油采收率原理,获得高的原油采收率的途径是扩大波及体积和提高驱油效率。非均相复合驱体系中黏弹性颗粒驱油剂可以进一步扩大波及体积,而表面活性剂的加入则具有降低油水界面张力作用,提高洗油效率,因此表面活性剂的筛选也显得尤为重要。

(一)驱油用表面活性剂筛选的基本依据

适合做非均相复合驱用的表面活性剂要达到一定的技术指标(孙焕泉等,2007):

(1)复合驱体系与原油的界面张力需达到 10^{-3}mN/m 数量级,低张力区域宽。

(2)复合驱体系中表面活性剂总浓度小于 0.6%,即在低浓度时具有超低界面张力。

(3)能与黏弹性颗粒驱油剂、聚合物有良好的配伍性,产品具有一定的稳定性。

(4)表面活性剂在岩石上的滞留损失量应小于 1mg/g 岩心。

选择合适的表面活性剂,使油水界面张力从 20~30mN/m 降低到 10^{-3}mN/m 或 10^{-4}mN/m,提高毛细管数,从而提高驱油效率。

(二)界面张力试验

能否有效降低界面张力取决于表面活性剂在油水界面上的排布方式和排列密度(曹绪龙,2008;曹绪龙等,2009)。图3-8 为应用分子模拟方法中耗散颗粒动力学方法模拟油、水共存时烷基苯磺酸盐及其与非离子活性剂复配体系在油水界面的分子排布。

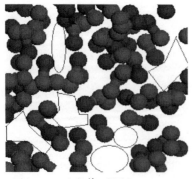 

(a)单一SDBS 　　　　　　(b)与TX-100复配体系

图 3-8　单一 SDBS 及与 TX-100 复配体系在油水界面上的混合排布

从分子模拟结果可以看出,通过阴-非离子表面活性剂复配可增加表面活性剂在油水界面上排列的紧密程度,提高表面活性剂的界面效率,有利于大幅度降低油-水界面张力。石油磺酸盐(SLPS)是一种性能良好的驱油用表面活性剂,由于具有与原油结构相似的特点,因而在胜利油田得到了广泛的应用,因此在非均相复合驱中将应用石油磺酸盐作为主剂进行表面活性剂配方设计。

1. 石油磺酸盐性能评价

表 3-4 为不同的石油磺酸盐样品在不同浓度下的界面张力,其中 2#石油磺酸盐样品界面张力较好,0.4%SLPS 界面张力最低达到 7.6×10^{-2}mN/m,但不能达到 10^{-3}mN/m 的要求,因此,需借助分子模拟结果添加其他表面活性剂,以取得更佳效果。

表 3-4 单一石油磺酸盐界面张力试验结果

石油磺酸盐浓度	界面张力最低值/(mN/m)	稳定时间/min
0.4%(1#)	7.1×10^{-2}	50
0.6%(1#)	5.3×10^{-2}	65
0.4%(2#)	7.6×10^{-2}	90
0.6%(2#)	4.8×10^{-2}	90
0.4%(3#)	7.8×10^{-2}	55
0.6%(3#)	5.2×10^{-2}	55

2. 复配表面活性剂的优选

在复配增效理论指导下,有针对性地筛选了不同类型非离子表面活性剂,考察了复配体系在孤岛中一区 Ng3 油水条件下的界面张力。从表 3-5 中可以看出,非离子表面活性剂 1709 与 1#石油磺酸盐复配可获得最低界面张力(王红艳等,2008;谭晶等,2009),在表面活性剂总浓度为 0.4%时界面张力可达到 2.95×10^{-3}mN/m,且稳定性好。

表 3-5 石油磺酸盐与复配活性剂复配体系试验结果

序号	复配体系	界面张力/(mN/m)	稳定时间/min	备注
1	0.3%SLPS-01	7.6×10^{-2}	50	
2	0.3%SLPS-01+0.1%JDQ-1	8.6×10^{-3}	30	性能不稳定
3	0.3%SLPS-01+0.1%JDQ-2	5.6×10^{-2}	45	
4	0.3%SLPS-01+0.1%JDQ-3	6.0×10^{-3}	50	性能不稳定
5	0.3%SLPS-01+0.1%P1709	2.95×10^{-3}	30	
6	0.3%SLPS-01+0.1%4#	6.0×10^{-3}	55	乳化较严重
7	0.3%SLPS-01+0.1%T1501	9.8×10^{-3}	50	产品不稳定

续表

序号	复配体系	界面张力/(mN/m)	稳定时间/min	备注
8	0.3%SLPS-01+0.1%T1402	$6.0×10^{-3}$	50	乳化较严重
9	0.3%SLPS-01+0.1%P1622	$6.0×10^{-3}$		性能不稳定
10	0.3%SLPS-01+0.1%P1223	$2.3×10^{-2}$	55	
11	0.3%SLPS-01+0.1%P1611	$2.0×10^{-2}$		
12	0.3%SLPS-01+0.1%7154	$2.0×10^{-2}$	70	
13	0.3%SLPS-01+0.1%4-02	$4.0×10^{-2}$		
14	0.3%SLPS-01+0.1%4-03	$3.0×10^{-3}$	65	乳化较严重
15	0.3%SLPS-01+0.1%4-06	$5.0×10^{-3}$	75	价格较贵
16	0.3%SLPS-01+0.1%4-08	$1.8×10^{-2}$		
17	0.3%SLPS-01+0.1%5-01	$4.1×10^{-2}$		
18	0.3%SLPS-01+0.1%5-02	$2.8×10^{-2}$		

3. 石油磺酸盐与表面活性剂配比及浓度的优选

表3-6测定了石油磺酸盐作与复配表面活性剂P1709按不同比例进行复配组成体系的界面张力。结果表明：0.3%SLPS+0.1%P1709，即石油磺酸盐与复配表面活性剂P1709在3∶1比例时界面张力最低。表3-7为固定SLPS与助剂P1709配比3∶1，界面张力随体系总浓度的变化情况。结果表明：0.3%SLPS-1+0.1%P1709活性剂复配体系相对较好，该体系与模拟油的界面张力低达$2.95×10^{-3}$mN/m，进入了超低界面张力区。当活性剂总浓度在0.2%~0.6%时其界面张力相对比较低，表明在实际油藏条件下，该体系有较宽的浓度窗口，可以满足试验的需要。

表3-6 活性剂配比对界面张力的影响

序号	体系浓度/%	SLPS∶P1709	界面张力最低值/(mN/m)
1	0.4	1∶3	$6.71×10^{-2}$
2	0.4	1∶2	$5.30×10^{-3}$
3	0.4	1∶1	$3.70×10^{-3}$
4	0.4	2∶1	$3.35×10^{-3}$
5	0.4	3∶1	$2.95×10^{-3}$

表3-7 活性剂浓度对界面张力的影响

序号	体系浓度/%	SLPS∶P1709	界面张力最低值/(mN/m)
1	0.1	3∶1	$6.56×10^{-2}$

续表

序号	体系浓度/%	SLPS：P1709	界面张力最低值/(mN/m)
2	0.2	3∶1	7.30×10^{-3}
3	0.3	3∶1	4.6×10^{-3}
4	0.4	3∶1	2.95×10^{-3}
5	0.5	3∶1	3.51×10^{-3}
6	0.6	3∶1	3.90×10^{-3}

4. 界面张力等值图

复合体系在渗流过程中，表面活性剂同原油、地层水和岩石的相互作用引起的吸附损耗和化学稀释作用使化学剂浓度降低，导致设计的最佳组成和界面性质发生改变，影响驱油效果。因此，研究界面张力与表面活性剂浓度之间的关系是非常有意义的。

图 3-9 是不同浓度的石油磺酸盐和不同浓度下复配表面活性剂的界面张力等值图，结果表明当石油磺酸盐浓度在 0.2%～0.4%，复配表明活性剂 P1709 浓度在 0.05%～0.15%时为最佳活性区，这表明该体系在孤岛中一区油藏条件下有较宽的低张力区，即使在表面活性剂浓度较低的情况下也能维持较低界面张力。

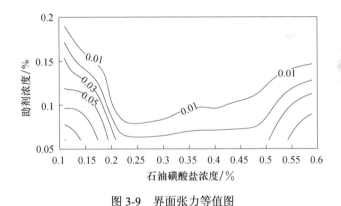

图 3-9　界面张力等值图

5. 抗吸附性能

化学剂在地层运移过程中会与岩石发生作用，化学剂的结构不同，吸附损耗的程度也将不同，但是化学剂的吸附损耗将影响协同作用的发挥，因此必须测定化学剂的吸附量，以确定化学剂的最低用量（王宝瑜等，1994；严兰，2012）。

为了考察表面活性剂复配体系经岩石吸附后的界面张力变化。将活性剂复配体系以 3∶1 的比例与洗净烘干的油砂混合。在 70℃的水浴中振荡 24h。取出后离心处理,测得体系吸附前后界面张力变化情况。结果见表3-8。由结果可知,活性剂被吸附了一部分之后浓度下降,导致复合驱油体系界面张力值会有所提高,但一般仍能保持超低界面张力。在现场注入中,一定要确保足够的注入段塞,才能保证复配体系与油水的低界面张力,取得较高的驱油效率。

表3-8 吸附性能试验结果

复配体系	界面张力/(mN/m)	
	吸附前	吸附后
0.3%SLPS+0.1%P1709	1.4×10^{-3}	4.5×10^{-3}

6. 洗油能力

洗油能力是考察复合驱用活性剂的一项重要指标,洗油能力越强,原油越容易从岩石上脱离下来。将模拟地层砂与目标区块原油按 4∶1(质量比)比例混合,考察复配体系的洗油能力,试验结果见表 3-9。由表 3-9 可以看出,0.3%SLPS+0.1% P1709、0.2%SLPS+0.2% 2-3 这两个复配体系的洗油能力都在60%以上,均可满足现场要求,0.3%SLPS+0.1%4-06 复配体系洗油效率仅为26.6%,洗油能力差。

表3-9 洗油试验结果

复配体系	原油洗脱率/%
0.3%SLPS+0.1% P1709	64.1
0.2%SLPS+0.2% 2-3	64.4
0.3%SLPS+0.1%4-06	26.6

7. 抗钙镁能力

非均相复合驱中应用的主表面活性剂为石油磺酸盐,它是一种阴离子表面活性剂,而油田地层水中钙镁离子含量较高,易形成石油磺酸钙沉淀(石油磺酸钙的溶度积 $K_{sp}=10^{-8}\sim10^{-9}$)。由于电性作用石油磺酸钙晶体易聚集形成大颗粒沉淀,所以要求体系在高钙镁条件下仍能保持良好的低界面张力。

(1)单一磺酸盐体系抗钙、镁能力。配置 0.4%石油磺酸盐活性剂,以孤岛中一区 Ng3 注入水中钙、镁离子浓度($Ca^{2+}+Mg^{2+}$129mg/L)为基础,加入 $CaCl_2$,观察现象,测定界面张力。

实验结果见表3-10,随着钙离子浓度的增加,界面张力增加。磺酸盐阴离子表面活性剂耐温性能好,但抗盐能力差。

表 3-10 单一石油磺酸盐体系抗钙能力

Ca^{2+}、Mg^{2+}离子总浓度/(mg/L)	实验现象	界面张力/(mN/m)
0		7.1×10^{-2}
100	轻微浑浊	8.2×10^{-2}
200	轻微浑浊	8.9×10^{-2}
300	溶液浑浊	9.7×10^{-2}
400	溶液浑浊产生颗粒沉淀	2.7×10^{-1}

（2）复配体系抗钙、镁能力。增大石油磺酸钙的溶度积的途径有两种。一种是改变磺酸盐结构，增加疏水链的支链则不易产生石油磺酸钙沉淀。当磺酸盐疏水链为支链时，由于体积的作用有助于阻止沉淀的生成，但是改变胜利石油磺酸盐的结构比较困难。另一种是改变地层条件（温度 T，压力 P）或加入助剂。但是对于一定的地层，温度压力是一定的，因此，只有通过加入结构适宜的助表面活性剂来增大石油磺酸钙的溶度积。

对于生成的石油磺酸钙沉淀，加入助剂后在水溶液中解离生成的阴离子在与微晶碰撞时，会发生物理化学吸附现象而使微晶表面形成双电层。加入的表面活性剂的链状结构可吸附多个相同电荷的微晶，它们之间的静电斥力可阻止微晶的相互碰撞，从而避免了大晶体的形成。在吸附产物又碰到其他离子时，会把已吸附的晶体转移过去，出现晶粒的均匀分散现象。从而阻碍晶粒间及晶粒与金属表面间的碰撞，减少溶液中的晶核数，进而将稳定在水溶液中。

配置 0.3%石油磺酸盐＋0.1%P1709，以孤岛中一区 Ng3 注入水中钙、镁离子浓度为基础，加入 $CaCl_2$，观察现象，测定界面张力，实验结果见表 3-11。

表 3-11 抗 Ca^{2+}、Mg^{2+}能力实验结果

Ca^{2+}、Mg^{2+}离子总浓度/(mg/L)	实验现象	界面张力最低值/(mN/m)
100	溶液澄清	2.5×10^{-3}
200	溶液澄清	4.7×10^{-3}
300	溶液澄清	6.2×10^{-3}
400	溶液略微浑浊	4.6×10^{-2}
500	出现沉淀	1.4×10^{-1}

实验发现，Ca^{2+}、Mg^{2+}离子总浓度在 100～300mg/L 时体系稳定，浓度 400mg/L 时发生浑浊现象，浓度在 500mg/L 时，体系中溶剂出现沉淀，静置后变成澄清透明溶液。随着钙、镁离子浓度的增加，界面张力增加。

三、非均相复合驱中聚合物的筛选

(一)聚合物基本性能评价

首先必须针对试验区块开展聚合物基本物化性能评价,然后选择性能较好的聚合物进行与黏弹性颗粒驱油剂 B-PPG 及活性剂的配伍性试验(孙焕泉,2014)。

试验条件:温度为 70℃,Brookfield DV-III型黏度计。

试验用水:孤岛中一区 Ng3 模拟注入水(Ca^{2+}、Mg^{2+}浓度为 129mg/L,总矿化度为 6666mg/L)。

配置 5000mg/L 的五种聚合物,聚合物母液再稀释成 1500mg/L 浓度进行测定,测试了黏度、滤过比、水解度、固含量、溶解时间、不溶物等参数,表 3-12 为孤岛中一区 Ng3 条件下聚合物的基本物化性能评价结果,在该油藏条件下 2#、3#、5#、8#聚合物的综合性能较好。

表 3-12 聚合物基本物化性能

编号	固含量/%	水解度/%	滤过比	特性黏数/(mL/g)	黏度/(mPa·s)
2#	90.92	23.6	1.017	2975	12.8
3#	91.72	21.8	1.035	2215	12.2
5#	90.63	22.2	1.047	3055	13.4
7#	92.69	18.9	1.285	2138	11.9
8#	89.83	20.5	1.028	2762	12.6

(二)聚合物黏浓关系

试验条件:温度为 70℃,Brookfield DV-III型黏度计。

试验用水:孤岛中一区 Ng3 模拟注入水(Ca^{2+}、Mg^{2+}浓度为 129mg/L,总矿化度为 6666mg/L)。

配置 5000mg/L 的聚合物母液再稀释成不同浓度进行测定(图 3-10)。结果表明:在油藏条件下 2#、3#、5#、8#聚合物都具有较高黏度。

(三)聚合物耐温耐盐性

聚合物溶液的黏度在恒定的温度下随所选择溶剂的不同而有不同的数值;当溶剂选定之后,聚合物溶液的黏度又随温度的变化而变动(王立军等,2002;张金国,2005)。这是因为聚合物溶液内大分子与大分子之间有相互作用能的影响,而且溶液中的单个线团分子内也有链段之间的相互作用能的影响。聚合物溶液的黏度随温度的升高而降低,因为温度升高,分子运动加剧,大分子之间的作用力下降,大分子的缠结点松开,同时溶剂的扩散能力增强,分子内旋转的能量增加,使大分子线团更加卷曲，所以黏度下降。

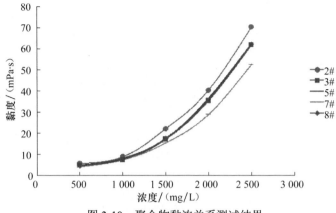

图 3-10　聚合物黏浓关系测试结果

图 3-11 为用孤岛中一区 Ng3 模拟注入水稀释 1 500mg/L 的聚合物，在不同温度下进行的耐温性评价；图 3-12 为在 70℃下，用不同矿化度的盐水稀释 1 500mg/L 的聚合物进行的耐盐性评价。可以看出这几种聚合物具有较好的耐温抗盐性能。

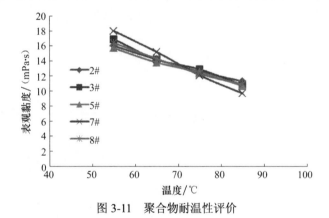

图 3-11　聚合物耐温性评价

（四）聚合物热稳定性

对于许多用于化学驱的聚合物溶液都存在着老化现象，从而使聚合物发生降解，影响聚合物的使用效果，因此聚合物溶液的长期稳定性是非常重要的研究点。

热稳定性通常是指聚合物溶液在地下油藏岩石孔隙中，能够保持其黏度和筛网系数而不发生热降解的性质。聚合物的热降解是以无规则的断链为主，影响其热降解的因素主要是温度，一般聚丙烯酰胺的临界使用温度为 93℃。聚合物溶液热稳定性测定要求溶液中既不含氧，也无细菌。

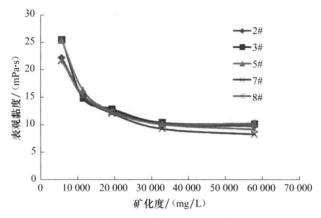

图 3-12 聚合物耐盐性评价

试验条件：温度为 70℃，Brookfield DV-Ⅲ型黏度计，冷阱。

试验用水：孤岛中一区 Ng3 模拟注入水（Ca^{2+}、Mg^{2+}浓度为 129mg/L，总矿化度为 6666mg/L）。

配置 5000mg/L 的聚合物母液，再稀释成 1500mg/L 分装在不同的安瓿瓶中，冷冻抽空三次后充氮，放置在 70℃下恒温箱中，定时取出测定黏度，结果见图 3-13。结果表明：在油藏条件下 2#、3#、5#、7#、8#五种聚合物的热稳定性良好。

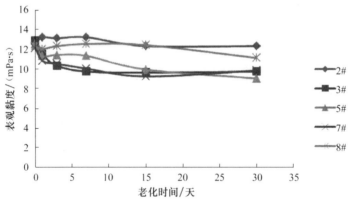

图 3-13 聚合物热稳定性评价结果

目前胜利油田所使用的聚合物从增黏性、稳定性上来看，能够满足非均相复合驱的要求。

（五）流动视黏度

研究表明，在聚合物相对分子质量低于 1000 万时由于结构增黏作用造成的视黏度大幅增加并不能获得较高的提高采收率效果,因此除了评价聚合物的视黏度、热稳定性、耐温抗盐能力等性能外,还需要对聚合物溶液通过多孔介质所表现的流动视黏度进行评价以确定在多孔介质中结构黏度作用大小。不同类型聚合物流动视黏度表征结果见表3-13。

表3-13 不同类型聚合物流动视黏度

样品	流动视黏度/(mPa·s)	表观黏度/(mPa·s)	备注
1#	20.3	14.5	相对分子质量2200万的常规HPAM
2#	21.2	15.6	相对分子质量2600万的常规HPAM
3#	23.8	19.6	相对分子质量2000万的改性HPAM
4#	12.6	126.1	相对分子质量400万的结构增黏类聚合物
5#	27.5	33.7	相对分子质量1500万的改性结构类增黏聚合物

试验结果发现,对于常规超高分子量HPAM聚合物和改性超高分子量HPAM聚合物,表观黏度高的聚合物其多孔介质中流动视黏度也较高,而对于结构类聚合物虽然表观黏度很高,但在多孔介质中流动视黏度却较低,原因可能是在多孔介质渗流过程中分子间的相互作用不能有效地形成,所以这种高表观黏度并没有对驱油效果发挥相应的作用,而改性结构类增黏聚合物,不仅具有较高的表观黏度,而且其在多孔介质中的流动视黏度也较高。因此,为满足高温高盐油藏提高采收率的需要,在非均相复合驱油体系中可选择改性超高相对分子质量聚丙烯酰胺或相对分子质量1500万以上的改性结构类增黏聚合物。

第二节 非均相复合驱配方有效性研究

一、非均相复合驱体系各组分相互作用研究

利用B-PPG与聚合物复配体系的扩大波及能力,叠加表面活性剂超低界面张力带来的洗油能力,可以发挥驱油体系的技术优势,获得最佳的驱油效果。为了保证非均相复合驱油体系能够充分发挥扩大波及体积和提高洗油能力的优势,因此在设计完成非均相复合体系配方后需开展B-PPG、聚合物及表面活性剂三相间的相互作用的研究。

(一)B-PPG与聚合物加和作用

在非均相体系中,聚合物具有流度调节、悬浮B-PPG的作用,可防止颗粒沉降。试验测定了不同浓度、不同配比体系的黏度和弹性模量(表3-14),并据此确

定了聚合物 HPAM 与 B-PPG 间的最佳配比及浓度。

表 3-14　HPAM、B-PPG 单一及复配体系黏弹性能

样品	c/(mg/L)	表观黏度 η/(mPa·s)	G'/Pa	δ/(°)
HPAM	1 500	26.4	0.02	84.6
B-PPG	1 500	24.1	0.52	15.2
B-PPG+HPAM	1 500+1 500	51.3	1.09	26.6
	1 200+1 200	34.8	1.01	37.9
	900+900	27.8	0.68	32.0

注：70℃；TDS=6 666mg/L。

由表 3-14 可知，HPAM 与 B-PPG 复配后体系弹性模量明显高于 HPAM、B-PPG 单一体系弹性模量之和，且随着浓度的升高，黏度和弹性模量 G' 均呈升高趋势。结合流度比与提高采收率关系（流度比为 0.15～0.4），建议使用总浓度为 2 400mg/L 体系。由表 3-15 可知，复配体系总浓度为 2 400mg/L 不变的情况下，聚合物所占比例增加，黏度升高明显，B-PPG 含量升高弹性模量升高。综合考虑，应选择 B-PPG 与 HPAM 的配比为 1∶1。

表 3-15　HPAM 与 B-PPG 不同配比复配体系的黏弹性能

样品	c/(mg·L^{-1})	表观黏度 η/(mPa·s)	G'/Pa	δ/(°)
B-PPG+HPAM	1 200+1 200	34.8	1.01	37.9
	800+1 600	35.5	0.83	22.3
	1 600+800	21.5	0.99	19.6

（二）B-PPG 及聚合物对油-水界面张力的影响

1. B-PPG 对油水界面张力的影响

由于非均相复合驱油体系黏度的增加不但影响表面活性剂由体相向界面的扩散速度还会影响表面活性剂在油水界面的高效排布，因此研究其对界面张力影响尤为重要。表 3-16、图 3-14 给出了单一表面活性剂体系及由 B-PPG、聚合物和表面活性剂组成的非均相复合驱体系的界面张力测试结果。从试验结果来看，非均相复合驱油体系与原油间的界面张力为 5.9×10^{-3}mN/m，比单一表面活性剂体系与原油间界面张力略有增加；同时由于非均相复合驱油体系黏度高，使达到超低界面张力的时间增加，但仍然达到超低界面张力的要求（10^{-3}mN/m 数量级），因此非均相复合驱油体系有较高的驱油效率。

表 3-16 单一活性剂与复合体系界面张力测试结果

体系	界面张力/(mN/m)
单一活性剂 （0.2%SLPS+0.2% 1#）	4.7×10^{-3}
非均相体系 （0.2%SLPS+0.2% 1#+1 000mg/LPPG+1 000mg/L5#）	5.9×10^{-3}

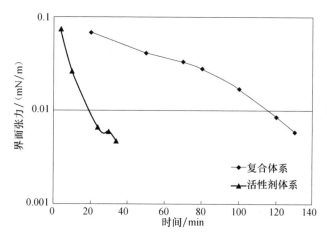

图 3-14 非均相复合驱油体系界面张力测试结果

2. 聚合物对油水界面张力的影响

在各表面活性剂复配体系中加入 1 800mg/L 聚合物，考察了 2#、3#、4#、5# 四种聚合物对界面张力的影响，结果见表 3-17。由结果可以看出，3#聚合物虽然可使体系的界面张力达到超低界面张力，但体系黏度降低；2#、5#、8#三种聚合物不但可以使体系的界面张力达到超低水平，同时具有增黏效果，表现出良好的配伍性。

表 3-17 聚合物对复配体系界面张力的影响

序号	体系	界面张力/（mN/m）	黏度/（mPa·s）
1	0.18%2#		26.8
2	0.18%2#+0.2%SLPS+0.2%GO2-2B1	8.0×10^{-3}	31.9
3	0.18%2#+0.2%SLPS+0.2%GO2-2B2	5.2×10^{-3}	31.8
4	0.18%2#+0.2%SLPS+0.2%GO2-2B3	2.7×10^{-3}	28.9
5	0.18%2#+0.2% SLPS+0.2%1#	6.7×10^{-3}	31.7

续表

序号	体系	界面张力/(mN/m)	黏度/(mPa·s)
6	0.18%3#		28.6
7	0.18%3#+0.2%SLPS+0.2%GO2-2B1	5.9×10^{-3}	19.8
8	0.18%3#+0.2%SLPS+0.2%GO2-2B2	1.8×10^{-3}	20.1
9	0.18%3#+0.2%SLPS+0.2%GO2-2B3	2.2×10^{-3}	20.9
10	0.18%3#+0.2% SLPS+0.2%1#	5.0×10^{-3}	25.0
11	0.18%5#		28.0
12	0.18%5#+0.2%SLPS+0.2%GO2-2B1	8.5×10^{-3}	28.3
13	0.18%5#+0.2%SLPS+0.2%GO2-2B2	4.9×10^{-3}	28.7
14	0.18%5#+0.2%SLPS+0.2%GO2-2B3	1.8×10^{-3}	28.5
15	0.18%5# +0.2% SLPS+0.2%1#	6.5×10^{-3}	28.9
16	0.18%8#		24.1
17	0.18%8#+0.2%SLPS+0.2%GO2-2B1	6.9×10^{-3}	32.3
18	0.18%8#+0.2%SLPS+0.2%GO2-2B2	3.8×10^{-3}	26.9
19	0.18%8#+0.2%SLPS+0.2%GO2-2B3	4.1×10^{-3}	27.5
20	0.18%8#+0.2% SLPS+0.2%1#	5.4×10^{-3}	28.6

二、热老化对非均相复合驱体系性能的影响

复合驱油体系一旦注入油层就将经过数月甚至数年才能采出，为了考察在地层温度下，复配体系经过长期热稳定后降低油水界面张力的能力以及黏度的稳定情况，必须进行热稳定性试验。

试验方法：将驱油体系装入安瓿瓶中，火焰封口，置入恒温箱中，定时取样测定界面张力及黏度。

试验温度：70℃。

聚合物浓度：1800mg/L。

试验配方体系：5#、5#+0.3%2-1B1、5#+0.3%2-1B2、5#+0.3%2-1B3、5#+0.2%SLPS+0.2%2-2B1、5#+0.2%SLPS+0.2%2-2B2、5#+0.2%SLPS+0.2%2-2B3、5#+0.2%SLPS+0.2%1#。

老化不同时间的体系黏度、界面张力变化如图3-15、图3-16所示。随着老化时间的加长，2-2B1、2-2B2、2-2B3、1#四个复配体系黏度基本保持不变，界面张

力均达到超低的要求，这说明体系注入油藏之后基本能保持超低界面张力，如果体系界面张力变化大，则体系配方需要进行调整。

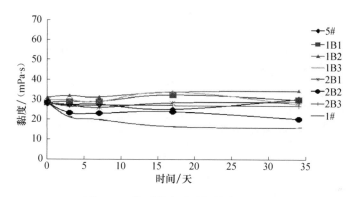

图 3-15　体系黏度随时间的变化曲线

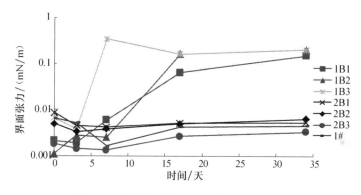

图 3-16　体系界面张力随时间的变化曲线

三、非均相复合驱的色谱分离研究

非均相复合驱借助的是 B-PPG、聚合物、表面活性剂各组分之间有效的协同效应来提高体系黏度、降低体系界面张力从而提高驱油体系的波及体积与洗油效率。由于驱油体系所含化学组分多，驱油机理复杂，复合驱各组分在地层运移过程中表现出的吸附滞留与色谱分离是影响非均相复合驱体系驱油效果的重要因素。因此研究色谱分离目的就是确定化学剂协同效应发挥的最低浓度，指导各化学剂用量，确保矿场实施成功率（隋希华等，2000；王红艳等，2006）。

试验条件：温度为 70℃；油砂为孤岛中一区 Ng3 油砂。

真试验方法：在直径为 1.0cm、长度为 100cm 的模型上进行试验。试验前将模型抽真空、饱和水。注入 0.3PV 的驱替液，然后转水驱，检测出口浓度至浓度为 0 时结束试验。绘制注入倍数与化学剂浓度曲线，图 3-17 为非均相复合驱体系各组分的色谱分离情况。

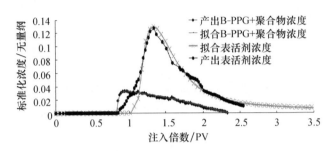

图 3-17　非均相复合驱体系各组分的色谱分离情况

在注入 1.3PV 时，化学剂开始被检测出，在 2.0～2.5PV 相继达到最大，其中 B-PPG 聚合物最早达到峰值，这是因为它们分子量较大，在运移过程中只能进入油沙中的大孔隙。最后出峰的是活性剂，它对油沙的吸附量较大，滞留时间长，所以出峰时间晚。在注入 3.0PV 时化学剂浓度降至较低水平。由图 3-17 可以看出非均相复合驱体系各组分之间存在一定的色谱分离现象，但并不严重。

四、物理模拟试验

物理模拟试验是室内评价复合驱的一个重要环节。它通过在实验室模拟地层条件（包括地层实际温度、压力、渗透率、含油饱和度等）对筛选配方进行注入浓度、注入段塞、注入时机等试验，可以对配方进行进一步优化，制订合适的注入方案。

（一）体系浓度及配比优化

开展驱油流程试验首先必须进行油水样的制备，配置饱和岩心用的地层水，驱油用的注入水，配置地层条件下黏度的模拟油样。

油水准备：配制孤岛中一区 Ng3 模拟注入水（矿化度为 6666mg/L），用煤油和生产井脱水原油配制模拟油。

岩心模型：用石英砂充填的双管模型，长为 30cm，直径为 2.5cm，高管渗透率为 $3000\times10^{-3}\mu m^2$，低管渗透率为 $1000\times10^{-3}\mu m^2$。

试验步骤：模型抽空饱和水，饱和油，然后水驱至含水 92%～94%，转注化学剂段塞，最后水驱至含水 98%～100%。

为了最大限度地发挥驱油体系的技术优势和驱油效果，开展了非均相复合驱油体系的浓度最优化设计，考察了不同浓度及配比条件下的驱油效果（图 3-18）。

第三章 非均相复合驱油配方设计

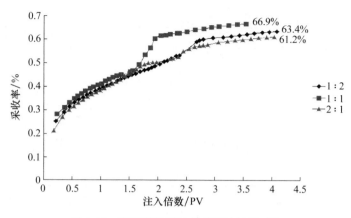

图 3-18 不同配比驱油体系驱油效果对比

驱油试验结果表明，B-PPG 与聚合物在总浓度为 2400mg/L 条件下以 1∶1 复配时驱油效果最佳（表 3-18）。

表 3-18 非均相复合驱油体系驱油效果

总浓度/(mg/L)	B-PPG∶聚合物	最终采收率/%	提高采收率/%
2400	1∶2	63.4	13.2
	1∶1	66.9	16.7
	2∶1	61.2	11.0
2000	1∶1	64.2	14.0

（二）注入段塞筛选

一般随着注入段塞的增大，提高采收率增大，但从助剂利用率上看在 0.3PV 时会出现明显的拐点，因此一般段塞大小确定为 0.3PV 比较经济合理。

（三）非均相复合驱与二元驱、单一聚合物驱对比试验

1. 水驱后驱油效果对比

对比研究了段塞尺寸为 0.3PV 下，1800mg/L 聚合物、1800mg/L B-PPG、0.4% 表面活性剂+1800mg/L 聚合物、0.4%表面活性剂+900mg/L B-PPG+900mg/L 聚合物的双管驱油效果（表 3-19）。

表 3-19 不同驱油体系的驱油效果

驱替方式	注入段塞	综合采收率/%	提高采收率/%
水驱	0	46.9	0

续表

驱替方式	注入段塞	综合采收率/%	提高采收率/%
聚合物驱	0.3PV 1 800mg/L P	53.1	6.2
B-PPG 驱	0.3PV 1 800mg/L B-PPG	60.5	13.6
二元驱	0.3PV 0.4%S+1 800mg/L P	60.3	13.4
非均相复合驱	0.3PV 0.4%S+900mg/L B-PPG+900mg/L P	69.3	22.4

注：P 为聚合物；S 为表面活性剂。

驱油结果表明，B-PPG 能够有效地改善剩余油丰富的低渗管的开发状况；非均相复合驱由于兼具 B-PPG 突出的剖面调整能力，同时发挥了表面活性剂的洗油能力，因此，提高采收率效果比聚合物驱、B-PPG 驱、二元驱的都高。

2. 聚合物驱后驱油效果对比

岩心模型：用石英砂充填的管子模型长为 30cm，直径为 2.5cm，双管渗透率分别为 $1000 \times 10^{-3} \mu m^2$、$5000 \times 10^{-3} \mu m^2$。

驱油步骤：岩心抽空—饱和水—饱和油—水驱至含水 94%，转注 0.3PV 1800mg/L 聚合物段塞；后续水驱至含水 94%～95%，转注 0.3PV 非均相复合驱油体系 900mg/L B-PPG+0.4%表面活性剂+900mg/L 聚合物，后续水驱至含水 98%结束，结果如图 3-19 所示，表 3-20 为聚合物驱后不同体系的驱油效果对比结果。

表 3-20 聚合物驱后不同体系驱油效果对比

	驱替方式	最终采收率/%	比水驱提高采收率/%	比聚合物驱提高采收率/%
	水驱	45.2		
	聚合物驱	53.8	8.6	
聚合物驱后	聚合物驱	56.8	11.6	3.0
	二元驱	58.6	13.4	4.8
	B-PPG+聚合物	61.3	16.1	7.5
	B-PPG+聚合物+表活剂	67.4	22.2	13.6

结果表明，聚合物驱后非均相复合驱能够进一步提高 13.6%采收率，明显优于聚合物驱后二元驱 4.8%的驱油效果。可见非均相复合驱能够有效改善剩余油丰富的低渗区域的开发状况，是一种能充分发挥驱油体系优点、提高采收率方法。

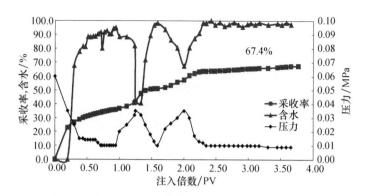

图 3-19　聚合物驱后非均相复合驱油效果

（四）室内推荐配方的确定

通过以上配方体系的有效性评价可以确定非均相复合驱配方的浓度、配比、注入段塞、注入方式等，为方案的优化提供基础数据。

室内推荐非均相复合驱油体系配方为 900mg/L B-PPG+900mg/L 聚合物+0.4% 表面活性剂。

第四章 非均相复合驱体系在多孔介质中的流动特征及驱油机理

第一节 非均相复合驱体系在多孔介质中的渗流特征

目前非均相复合驱技术取得了突破性进展,但是由于非均相复合驱技术的复杂性,有必要深入研究认识非均相复合驱体系在多孔介质中的渗流特征,为考察其在油层中的驱替动态和波及规律研究奠定基础,从而进一步指导认识非均相复合驱油机理,为矿场见效特征分析提供有力依据。

一、非均相复合驱体系在多孔介质中的渗流特征

(一)非均相复合驱体系的注入能力

根据对岩心注入端面、采出液悬浮颗粒粒径中值的观察与测试,如表 4-1 所示,黏弹性颗粒驱油剂注入端面仅有少量颗粒堆积,且粒径中值结果显示采出液中有颗粒流出,说明黏弹性颗粒驱油剂具有较好的注入和驱替性能;通过注入黏弹性颗粒驱油剂前后岩心内部测压点的压力变化对比考察了聚合物与黏弹性颗粒驱油剂的驱动性能。图 4-1 的结果显示,聚合物作为均匀溶液,在岩心中运移较平稳,岩心各测压点压力几乎同时呈规律性增高,但封堵效果不明显,岩心进口的注入压力最高不到 0.04MPa。注入黏弹性颗粒驱油剂后压力上升明显,最高注入压力为 0.35MPa,有明显的封堵效果;且黏弹性颗粒驱油剂的颗粒在岩心孔隙中不断重复堆积—压力升高—变形通过—压力降低的过程,实现了在岩心内部的运移并进入岩心深部,产生了良好的调驱效果。在后续水驱阶段,黏弹性颗粒驱油剂的继续运移使驱替过程持续有效,测压点的压力缓慢下降说明后续水驱岩心渗透率恢复能力较好。

表 4-1 注入液与采出液粒径中值测定

样品	阻力系数	残余阻力系数	注入液粒径中值/μm	采出液粒径中值/μm
聚合物	12	1.8		
B-PPG	154	4.2	561	136

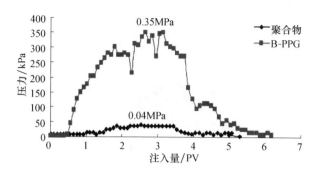

图 4-1　驱油剂注入过程中岩心内部压力传递曲线

（二）注入及运移能力影响因素分析

非均相复合驱作为聚合物驱后油藏提高采收率的一种重要方法，其驱油效果的好坏取决于多种因素，其中很重要的一个因素是黏弹性颗粒驱油剂的注入及运移能力，这一因素直接决定了非均相复合驱油的成败。影响黏弹性颗粒驱油剂注入及运移能力的影响因素众多，主要有以下几个。

1. 黏弹性颗粒驱油剂粒径

为了满足现场需要，黏弹性颗粒驱油剂有多种粒径。图 4-2、表 4-2 分别是粒径为 60～100 目、100～150 目、150～200 目的黏弹性颗粒驱油剂在渗透率 $1500×10^{-3}\mu m^2$ 下的注入曲线以及相应的注入压力等参数值。同一渗透率下，黏弹性颗粒驱油剂粒径越大，驱替压力越大。

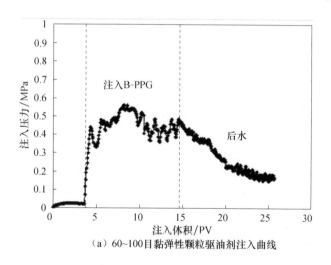

（a）60~100目黏弹性颗粒驱油剂注入曲线

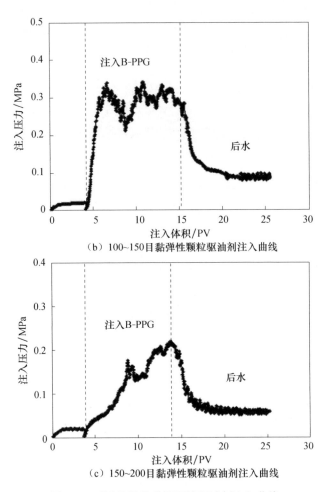

（b）100~150目黏弹性颗粒驱油剂注入曲线

（c）150~200目黏弹性颗粒驱油剂注入曲线

图4-2 不同粒径黏弹性颗粒驱油剂注入曲线

表4-2 黏弹性颗粒驱油剂注入参数

黏弹性颗粒驱油剂粒径	聚合物驱压力/MPa	阻力系数	残余阻力系数
60~100目	0.4878	65.6	19.5
100~150目	0.3174	52.6	14.7
150~200目	0.1883	37.4	10.1

2. 油藏温度

温度对黏弹性颗粒驱油剂注入能力的影响不大。如图4-3所示，温度为50℃时，压力升的最高；温度为70℃的压力比温度为90℃时的压力稍大。三条曲线都在3PV之后开始稳定直到后续水驱，后续水驱稳定压力相差不大，可见温度对黏弹性颗粒驱油剂的驱替效果没有明显的影响。

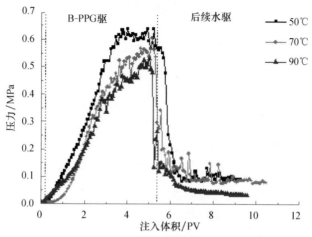

图 4-3　温度对黏弹性颗粒驱油剂注入能力的影响

3. 矿化度

黏弹性颗粒驱油剂分子结构中引入了耐温抗盐基团，因此具有良好的耐温抗盐性能。图 4-4 为在不同矿化度盐水中黏弹性颗粒驱油剂的黏度变化曲线，可以看到，矿化度从 5 000mg/L 变化到 50 000mg/L 时，黏弹性颗粒驱油剂悬浮液黏

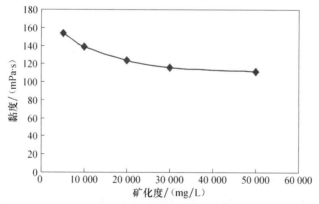

图 4-4　在不同盐水中黏弹性颗粒驱油剂的黏度变化曲线（85℃）

度从 153.5mPa·s 降为 111.5mPa·s，变化幅度很小，表明黏弹性颗粒驱油剂有良好的抗盐能力；从注入曲线图 4-5 也可以看出，矿化度由 5 000mg/L 增加到 50 000mg/L，注入压力略有降低，总体来说，矿化度对黏弹性颗粒驱油剂的驱替效果没有明显影响。

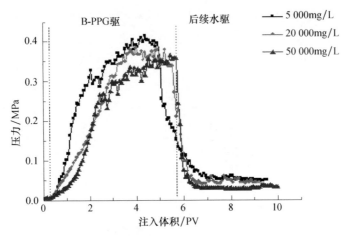

图 4-5 黏弹性颗粒驱油剂在不同矿化度下的注入曲线

4. 渗透率

渗透率是衡量流体在压力差下通过多孔岩石有效孔隙能力的一种量值，用 K 表示，它是根据 Darcy 公式确定的。研究发现，黏弹性颗粒驱油剂与地层渗透率之间存在一定的配伍关系，只有当地层渗透率与颗粒尺寸相匹配时，非均相复合驱体系才能有效地实现调驱、封堵等作用效果。由此可见，黏弹性颗粒驱油剂的粒径与油藏的渗透率、孔喉的配伍关系直接影响着产品的筛选、配方设计及矿场应用。采用物理模拟试验方法得到了黏弹性颗粒驱油剂与地层孔喉尺寸的关系（图 4-6），即黏弹性颗粒驱油剂溶胀后粒径中值与孔喉直径之比在 50~90 时，驱油剂可产生良好的调驱效果。

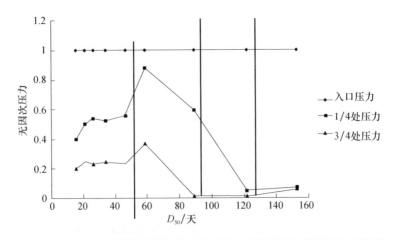

图 4-6 不同粒径黏弹性颗粒驱油剂在不同渗透率模型中渗流压力变化图

5. 非均质性

渗透率级差（K_{mn}）是最大渗透率（K_{max}）与最小渗透率（K_{min}）的比值，表明渗透率的分布范围及差异程度：$K_{mn}=K_{max}/K_{min}$，渗透率级差（K_{mn}）大于 1。级差越大，表示储层孔隙空间的非均质性越强；级差越接近 1，表明储层孔隙空间的均质性越好。

在油田注水开发过程中，由于油层非均质性和油层流体性质差异的影响，容易导致注入水波及效率降低。因而需要通过调剖，防止注入水沿大孔道和高渗透条带窜流，提高注入水在各个层位的波及系数，从而提高原油采收率。

黏弹性颗粒驱油剂对不同渗透率级差地层的剖面改善情况，以剖面改善率 f 来定量描述。剖面改善率：调剖前后高低渗透率吸水比的差与调剖前高低渗透率层吸水比的商。

表达式如下式：

$$f = \frac{Q_{hb}/Q_{lb} - Q_{ha}/Q_{la}}{Q_{hb}/Q_{lb}}$$

式中，Q_{hb}、Q_{ha} 为高渗透层调剖前、后的吸水量，mL；Q_{lb}、Q_{la} 为低渗透层调剖前、后的吸水量，mL。

由表 4-3 可以看出，随着渗透率级差的增大，黏弹性颗粒驱油剂调整非均质能力减弱，总体来说，在渗透率级差低于 8 的情况下，黏弹性颗粒驱油剂均有较强的调整非均质能力，同时也说明该驱油剂与此渗透率之间有良好的匹配性。

表 4-3　不同渗透率级差下黏弹性颗粒驱油剂剖面改善情况

渗透率级差	产液百分比/%		剖面改善率/%
	调剖前	调剖后	
2	38.3	53.5	46.07
	61.7	46.5	
3	11.3	33.4	71.38
	78.7	66.6	
5	14.3	20.6	35.35
	85.7	79.4	
8	18.2	22.2	22.03
	81.8	77.8	

二、非均相复合驱体系在微观模型中的渗流特征

采用可视填砂模型进一步研究黏弹性颗粒驱油剂的渗流规律及运移特征。如

图4-7所示，注入过程中，黏弹性颗粒驱油剂在非均质条带中能够较均匀地推进。这是因为：当模型中刚开始注入B-PPG时，黏弹性颗粒驱油剂会优先进入高渗透层，随着其注入量的增加，颗粒会堵塞在高渗透层的孔隙和喉道处，造成该处压力升高，渗透率降低，流动阻力增大，从而使后续的液流转向至低渗透层流动；由于黏弹性颗粒驱油剂具有一定的黏弹性，当压力升高到足以使某一条带中堵塞的颗粒变形通过喉道时，该条带又开始流入黏弹性颗粒驱油剂。在整个注入过程中黏弹性颗粒驱油剂不断地通过堵塞—压力升高—变形通过的方式在各个渗透率条带中进行交替封堵，使液流不断转向，从而使黏弹性颗粒驱油剂更好地在不同渗透率条带中较为均匀地推进，明显改善模型的非均质性。

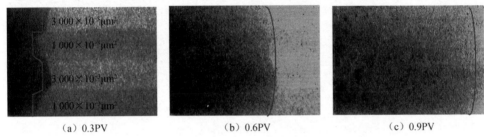

(a) 0.3PV　　　　　　(b) 0.6PV　　　　　　(c) 0.9PV

图4-7　B-PPG注入过程中在非均质模型中的分布图

第二节　非均相复合驱体系驱油机理分析

原油采收率是采出地下原油原始储量的百分数。一般来说，原油采收率取决于驱油剂在油藏中的波及系数和驱油效率，公式如下：

$$采收率 = 波及系数 \times 洗油效率$$

所谓波及系数是指驱油剂波及的油层容积与整个含油容积的比值。驱油剂波及的地方，油是否就被冲洗下来？这要看油层的润湿性。例如，当驱油剂是水时，水可以较好地将油从亲水油层冲洗下来，但在亲油油层就不能，因为在亲油油层中，油层被水冲洗过后，总有一层油膜留在油层的岩石表面，由于油层岩石的孔隙面积很大，所以留在油层的油就很多。即使对亲水油层，冲洗下来的油也经常由于毛细管的液阻效应而滞留在油层中采不出来。可见，即使是驱油剂波及的油层，由于油层表面的润湿性和毛细管的液阻效应的存在，油也不一定能采出来，因此还有一个洗油效率问题。所谓洗油效率是指驱油剂波及的地方所采出的油量与这个地方储量的比值。因此，提高采收率的途径主要有增大波及系数和提高洗油效率。非均相复合驱体系能较大幅度提高采收率，与这两个方面密不可分（卢国祥和张云宝，2007）。

一、有效封堵

由于黏弹性颗粒驱油剂具有较好的黏弹性,其在多孔介质中能建立良好的流动阻力,具有良好的流度控制能力,其中,粒径越大,黏弹性越大,流度控制能力越强。同时,由于黏弹性颗粒驱油剂内部具有一定的网络结构,使其能在多孔介质中发生吸附、滞留,使多孔介质的孔隙半径减小,导致多孔介质渗流能力的永久性损失,从而建立起一定的残余阻力系数,具有有效的封堵性能(于龙等,2015;任亭亭等,2015)。

二、液流转向

图 4-8 体现了非均相复合驱体系扩大波及体积的另一个原因,即液流转向作用。非均相复合驱体系注入曲线的波动反映了孔隙级别的"驱替—堵塞—驱替"交替过程,流体转向能力优于聚合物,可以实现高低渗分流量的反转。

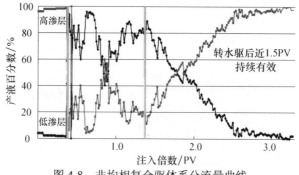

图 4-8 非均相复合驱体系分流量曲线

同时利用 2cm×2cm 玻璃蚀刻模型,观察了非均相复合驱体系的微观驱油过程(图 4-9)。在微观驱油过程中,初始阶段非均相复合驱体系进入易流动区中间低渗区,随后模型上部高渗区被驱动,随着黏弹性颗粒驱油剂的运移封堵,模型下半部低渗被驱动,最终将原油驱出(陈霆和孙志刚,2013)。

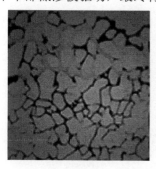 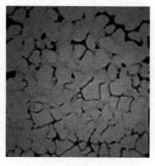 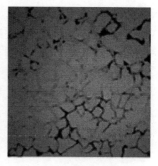

(a) 聚驱结束　　　　(b) 中间低渗驱动　　　　(c) 上部高渗驱动

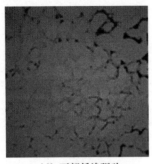
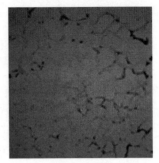

（d）下部低渗驱动　　　　　　　（e）结束

图 4-9　非均相复合驱油体系微观驱油实验

三、均衡驱替

采用可视填砂模型进一步明晰黏弹性颗粒驱油剂的渗流规律及运移特征。分布图如图 4-10 所示。注入过程中，黏弹性颗粒驱油剂在非均质条带中能够较均匀地推进。这是因为当模型中刚开始注入 B-PPG 时，黏弹性颗粒驱油剂会优先进入高渗透层，随着其注入量的增加，颗粒会堵塞在高渗透层的孔隙和喉道处，造成该处

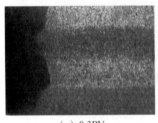

（a）0.3PV　　　　　　　　（b）0.6PV　　　　　　　　（c）0.9PV

图 4-10　B-PPG 注入过程中在非均质模型中的分布图

压力升高，渗透率降低，流动阻力增大，从而使后续的液流转向至低渗透层流动。由于黏弹性颗粒驱油剂具有一定的黏弹性，当压力升高到足以使某一条带中堵塞的颗粒变形通过喉道时，该条带又开始注入黏弹性颗粒驱油剂。在整个注入过程中黏弹性颗粒驱油剂不断地通过堵塞—压力升高—变形通过的方式在各个渗透率条带中进行交替封堵，使液流不断转向，从而使黏弹性颗粒驱油剂更好地在不同渗透率条带中较为均匀地推进，明显改善模型的非均质性。研究表明黏弹性颗粒驱油剂具有交替封堵、均匀驱替的特点，能够显著改善油藏的非均质性，提高驱替效率。

四、调洗协同

室内通过可视化物理模拟驱替平面模型试验考察了非均相复合驱油体系各组分调剖与洗油效率之间的协同作用，结果见表 4-4、图 4-11。结果表明，非均相

复合驱各组分间具有良好的协同作用。

表 4-4　不同驱替方式提高采收率对比结果

注入方式	聚合物驱后+ 活性剂驱	聚合物驱后+ 聚合物驱	聚合物驱后 +B-PPG 驱	聚合物驱后+ 非均相复合驱	协同作用
与井网调整相比 提高采收率/%	0.65	3.97	6.26	15.09	4.21

　（a）聚合物驱后　　　（b）聚合物驱后　　　（c）聚合物驱后　　　（d）聚合物驱后
　　　活性剂驱　　　　　聚合物驱　　　　　　B-PPG驱　　　　　　非均相复合驱

图 4-11　可视化物理模拟驱替平面模型试验

此外，室内在模拟油藏条件下建立了三维非均质物理模型（形成渗透率为 500mD、1 500mD、3 000mD 的平面非均质性），通过三维非均质物理模型进一步考察了非均相复合驱油体系调洗协同作用。三维油藏物理模拟系统体积为 80cm³×80cm³×10cm³，孔隙体积为 15 000mL，孔隙度为 30%～40%，图 4-12 为三维油藏物理模拟系统示意图。实验结果如图 4-13 所示。

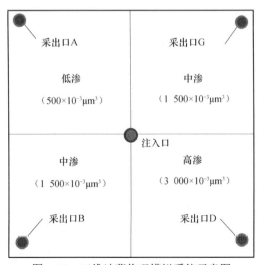

图 4-12　三维油藏物理模拟系统示意图

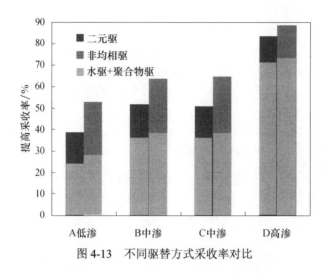

图 4-13 不同驱替方式采收率对比

实验结果表明,二元驱 A、B、C、D 四个区提高采收率程度差别不大,分别为 14.8%、16.4%、15.5%、13.3%;非均相复合驱的提高采收率程度与二元驱相比明显升高,分别为 26.1%、26.4%、26.6%和 17.8%,说明非均相复合驱油体系与二元驱相比具有较好的洗油能力和提高波及效果的能力;且 A 区、B 区和 C 区的采收率显著高于 D 区,这说明非均相复合驱油体系中的 B-PPG 首先进入高渗区,对高渗区域起到一定封堵作用,使液流转向,从而使中低渗区域的驱油效果好于高渗区域的驱油效果。

第五章　非均相复合驱数值模拟研究

第一节　非均相复合驱数学模型建立

一、基本数学模型

从非均相悬浮体系特性和驱油机理出发建立非均相复合驱数学模型及相应的物化参数模型，在此基础上，研究非均相复合驱数学模型离散方法和快速求解算法，建立非均相复合驱数值模型，并对模型适应性进行分析，最后通过代码编制实现软件模拟功能，并进行参数敏感性分析。另外，还对室内典型试验结果与矿场试验结果进行拟合与预测，验证非均相复合驱数值模拟方法的正确性，并计算效率（图 5-1）。

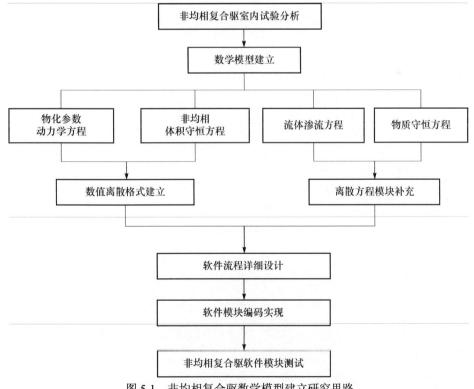

图 5-1　非均相复合驱数学模型建立研究思路

1. 非均相复合驱数学模型假设条件

假设条件如下：①流体模型为油水两相模型；②聚合物、表面活性剂为水相中的组分，随水相同步流动；③B-PPG颗粒为水相中的悬浮颗粒，随水相一同流动，但并不同步运移；④油相与水相间没有质量交换；⑤B-PPG的吸水溶胀在地面完成，地下运移过程中不考虑其溶胀；⑥B-PPG存在增黏作用，考虑不可及孔隙体积；⑦考虑B-PPG沉积、堵塞而导致地层渗透率降低。

2. 聚合物、表面活性剂组分物质守恒方程

在以上的假设条件下，根据组分的质量守恒定律，第i种组分的总浓度$\tilde{C}_i$方程，即物质守恒方程为

$$\frac{\partial}{\partial t}(\phi \tilde{C}_i \rho_i) + \mathrm{div}\left[\sum_{l=1}^{n_p} \rho_k (C_{il} u_l - D_{il})\right] = Q_i \tag{5-1}$$

式中，C_{il}为第i种物质组分在l相中的浓度；Q_i为源汇项；u_l为相的Darcy速度；D_{il}为弥散通量；n_p为相数，在本书中即为2；下标l表示第l相；$\tilde{C}_i$为第i种物质组分的总浓度，表示第i种物质组分在所有相(包括吸附相)中的浓度之和：

$$\tilde{C}_i = \left(1 - \sum_{k=1}^{n_{cv}} \hat{C}_k\right)\sum_{l=1}^{n_p} S_l C_{il} + \hat{C}_i, \quad i = 1, \cdots, n_c \tag{5-2}$$

式中，n_c为某一相中组分的总个数，常用的组分表示为：$i=1$代表水组分，$i=2$代表油组分，$i=3$代表聚合物，$i=4$代表表面活性剂，$i=5$、6分别代表阴、阳离子的浓度；n_{cv}为占有体积的物质组分总数；$\hat{C}_k$为组分k的吸附浓度（Delshad，1997）。

在考虑组分微可压缩的条件下，组分i的密度ρ_i是压力的函数：

$$\rho_i = \rho_i^0 [1 + C_i^0 (p - p_r)] \tag{5-3}$$

式中，ρ_i^0为参考压力下组分i的密度；p为压力；p_r为参考压力；C_i^0为组分i的压缩系数。

假定岩石可压缩，介质孔隙度ϕ与压力的函数关系为

$$\phi = \phi_0 [1 + C_r (p - p_r)] \tag{5-4}$$

式中，C_r为岩石的压缩系数。

相的Darcy速度u_l用Darcy定律来描述，即

$$u_l = -\frac{KK_{rl}}{\mu_l}(\mathrm{grad}\, p_l - \gamma_l \,\mathrm{grad}\, D) \tag{5-5}$$

式中，p_l为相压力；K为渗透率张量；D为油藏深度；K_{rl}为相对渗透率；μ_l为相黏度；γ_l为相比重。

弥散通量D_{il}满足如下的Fick表示形式：

$$D_{il} = \phi S_l \begin{pmatrix} F_{xx,il} & F_{xy,il} & F_{xz,il} \\ F_{yx,il} & F_{yy,il} & F_{yz,il} \\ F_{zx,il} & F_{zy,il} & F_{zz,il} \end{pmatrix} \begin{pmatrix} \dfrac{\partial C_{il}}{\partial x} \\ \dfrac{\partial C_{il}}{\partial y} \\ \dfrac{\partial C_{il}}{\partial z} \end{pmatrix} \quad (5\text{-}6)$$

包含分子扩散(D_{kl})的弥散张量 $F_{mn,il}$ 表达形式为

$$F_{mn,il} = \frac{D_{il}}{\tau}\delta_{mn} + \frac{\alpha_{Tl}}{\phi S_l}|\boldsymbol{u}_l|\delta_{mn} + \frac{(\alpha_{Ll} - \alpha_{Tl})}{\phi S_l}\frac{u_{lm}u_{ln}}{|\vec{u}_l|} \quad (5\text{-}7)$$

式中，α_{Ll} 和 α_{Tl} 为 l 相的横向和纵向弥散系数；τ 为迂曲度；u_{lm} 和 u_{ln} 为 l 相空间方向分量；δ_{mn} 为 Kronecher Delta 函数。每相净流量表达式为

$$|\boldsymbol{u}_l| = \sqrt{(u_{xl})^2 + (u_{yl})^2 + (u_{zl})^2} \quad (5\text{-}8)$$

3. B-PPG 组分质量守恒方程

考虑到 B-PPG 在水中并不是均相溶液，而是非均相的悬浮液，颗粒随水一起流动，而当通过孔隙的时候，孔隙会对颗粒有一定的过滤作用，使颗粒在孔隙发生沉积（曹绪龙，2013），因此，B-PPG 颗粒与水相并不同步流动，其在孔喉中流动时，流过某一单元体的前后浓度会有所变化。随着颗粒的逐渐沉积并在孔喉中形成封堵，液流发生转向，而 B-PPG 沉积处的压差逐渐增大，随着压力增大，B-PPG 颗粒变形并通过孔喉，依靠其有效的黏度发挥驱油剂的作用。在这个过程中，主要体现了 B-PPG 颗粒沉积滞留、堵塞孔喉、变形通过的驱替特征（陈晓彦，2009；崔晓红，2011），如图 5-2 与表 5-1 所示。

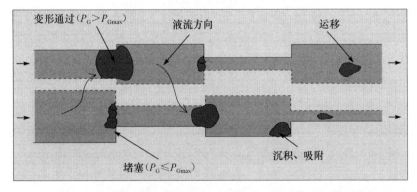

图 5-2 B-PPG 溶胀颗粒在多孔介质中的渗流过程及作用机理

$P_{G\max}$ 表示颗粒变形运移压力梯度；P_G 表示渗流场的压力梯度

表 5-1 B-PPG 溶胀颗粒在多孔介质中的渗流过程及作用机理

渗流过程	作用机理
沉积滞留	降低孔渗，提高残余阻力系数
孔喉堵塞	降低孔渗，局部封堵，压力升高，液流转向
运移，变形通过	提高波及系数

如表 5-1 所示，B-PPG 在多孔介质中的运动形式主要有运移、堵塞、变形通过、沉积（再运移），通过交替封堵、液流转向的机理改善地层非均质性，提高波及系数。非均相体系在多孔介质中的流动是一种非连续性流动，聚合物驱数学模型不再适用，需要建立新的模型描述。

从图 5-2 与表 5-2 中进一步分析可以得到，如果把 B-PPG 颗粒的微观渗流表征在一个宏观网格中，随着堵塞、沉积与滞留，颗粒在孔隙中与水运移并不同步，聚合物与水一同流动并通过网格，而 B-PPG 颗粒只有一部分参与流动，因而 B-PPG 通过网格时浓度的变化与聚合物会有明显的不同，从而其组分浓度方程的表达形式也将有所变化；与此同时，颗粒的沉积、滞留、封堵会造成孔隙渗透率的下降；此外，颗粒在孔喉中的运移和变形通过需要一定的启动压差，并且由于颗粒与不同孔喉的配伍性不同，其在非均质的孔喉中会选择性运移。B-PPG 颗粒在网格中的这些宏观流动特征中，降低孔隙的渗透率可以通过阻力系数来反映，选择性运移可以通过不可及孔隙体积来表征，而 B-PPG 部分通过网格带来的浓度变化以及颗粒运移存在启动压差这两种特征在以往的数学模型中没有相应的参数来表征，因此，需要建立新的特征参数，来描述这两方面的特征，而描述的关键即颗粒在网格中的通过能力。

表 5-2 B-PPG 与聚合物相关参数比较

驱替剂	渗流过程	体系	驱替机理	主要物化参数数学表征方法
聚合物	连续运移	均相溶液	增黏调驱，提高波及系数	黏度公式-Meter 方程
B-PPG	非连续运移	非均相悬浮液	交替封堵，液流转向；封堵调剖，运移调驱，提高波及系数	渗透率下降描述封堵，聚合物模型无法描述颗粒变形运移

根据非均相复合驱的室内试验结果分析，结合胜利油田化学驱数值模拟软件 SLCHEM 的数学模型基本结构（宋道万和孙玉红，2000），本书以两相多组分数学模型为基础，建立非均相复合驱的基本数学模型。为描述颗粒在网格中的通过能力，引入了通过因子这一概念，表示 B-PPG 通过单位孔隙体积前后的浓度比，用于反映 B-PPG 颗粒流动过程中通过一个数值模拟网格体的运移、沉积、堵塞能力。基于质量守恒，将 B-PPG 颗粒的通过因子反映到组分浓度方程的对流项中，建立了新的 B-PPG 浓度方程，方程如下：

$$\frac{\partial}{\partial t}(\phi S_w C_{ppg}) + \nabla \cdot (C_{ppg} \beta \boldsymbol{u}_w - \boldsymbol{D}_{ppg} \nabla C_{ppg}) - \lambda C_{ppg} = Q_{ppg} \qquad (5\text{-}9)$$

式中，C_{ppg} 为 PPG 在的组分浓度；$\boldsymbol{D}_{ppg}$ 为扩散系数；Q_{ppg} 为注入速度；S_w 为水相的饱和度；β 为 B-PPG 颗粒的通过因子，$\beta \in [0,1]$，与压差、颗粒浓度、粒径大小有关。

式（5-9）与式（5-1）的建立原理是类似的，都是通过组分质量守恒定律推导得出的。在本书建立的数学模型中，将 B-PPG 颗粒看做水相中的一种组分，使用组分模型（对流扩散方程）描述 B-PPG 颗粒的运移过程。与聚合物、表面活性剂等组分浓度方程不同的是，为描述 B-PPG 颗粒在多孔介质中的滞留与再运移，以及颗粒与水运移的不完全同步性，引入通过因子的概念。

关于 B-PPG 的颗粒通过因子，一方面，其可以反映颗粒通过孔喉时的通过能力，另一方面，该参数与颗粒启动压力有关，即满足：

$$\beta = \begin{cases} 0, & \Delta P \leqslant P_{\max} \\ (0,1], & \Delta P > P_{\max} \end{cases} \qquad (5\text{-}10)$$

式中，$P_{\max}$ 为 B-PPG 颗粒的启动压力。由式（5-9）可知，如果不考虑 B-PPG 颗粒的扩散，那么当压差小于启动压力时，通过因子较小，B-PPG 浓度传播缓慢，颗粒在孔隙中聚集，形成封堵；压差超过启动压力后，式（5-9）中的对流项增大，颗粒加速运移。这样，利用通过因子，实现对 B-PPG 随压力变化而时堵时驱的动态特征描述。需要注意的是，由于启动压力梯度与 B-PPG 的颗粒运移有关，因此并不在水相流动方程，即 Darcy 定律中出现，而是在组分质量守恒方程中由通过因子来体现，这与在低渗透油藏中提出的非 Darcy 流动并不一样。

4. 相压力方程

将占有体积组分的物质守恒方程相加，并将相流量利用 Darcy 定律表示，应用毛管压力公式表示相压力之间的关系，再利用式（5-11）的约束条件：

$$\sum_{i=1}^{n_{cy}} C_{il} = 1 \qquad (5\text{-}11)$$

得到以参考相（水相）压力表达的压力方程：

$$\phi C_t \frac{\partial P_w}{\partial t} + \text{div}(K \lambda_T \text{grad} p_w) = -\text{div}\left(\sum_{l=1}^{n_p} K \lambda_l \text{grad} h\right) + \text{div}\left(\sum_{l=1}^{n_p} K \lambda_l \text{grad} p_{clw}\right) + \sum_{i=1}^{n_{cy}} Q_i \qquad (5\text{-}12)$$

式中

$$\lambda_l = \frac{K_{rl}}{\mu_l} \sum_{i=1}^{n_{cy}} \rho_i C_{il} \qquad (5\text{-}13)$$

总相对流度 λ_T 为

$$\lambda_T = \sum_{l=1}^{n_p} \lambda_l \tag{5-14}$$

总压缩系数 C_t 是岩石压缩系数 C_r 和每种物质组分压缩系数 C_i^0 的函数：

$$C_t = C_r + \sum_{k=1}^{n_{cy}} C_i^0 \widetilde{C}_i$$

5. 相饱和度方程

设 S_w 和 S_o 分别是水相和油相的饱和度，其中：下标 w 和 o 分别表示水相和油相。S_w 和 S_o 满足 $S_w+S_o=1$，则由物质守恒方程（5-1）可直接得到油相、水相饱和度方程为

$$\frac{\partial}{\partial t}(\phi S_o \rho_o) + \mathrm{div}(\rho_o \boldsymbol{u}_o) = Q_o \tag{5-15}$$

$$\frac{\partial}{\partial t}(\phi S_w \rho_w) + \mathrm{div}(\rho_w \boldsymbol{u}_w) = Q_w \tag{5-16}$$

Darcy 速度用 Darcy 定律得到，具体到水相、油相速度为

$$\boldsymbol{u}_w = -K\lambda_{rw}(\nabla P_1 - \gamma_1 \nabla D) \tag{5-17}$$

$$\boldsymbol{u}_o = -K\lambda_{ro}(\nabla P_2 - \gamma_2 \nabla D) = -K\lambda_{ro}(\nabla P_1 + \nabla P_c - \gamma_2 \nabla D) \tag{5-18}$$

式中，$\lambda_{rw} = \dfrac{K_{rw}(S_w)}{\mu_w(S_w, C_{1w}, \cdots, C_{lw})}$ 和 $\lambda_{ro} = \dfrac{K_{ro}(S_w)}{\mu_o(S_w)}$ 分别为水相和油相的流度；K 和 K_{rw}、K_{ro} 分别为绝对渗透率、水相相对渗透率和油相相对渗透率，相对渗透率由具体油藏（或实验室）试验数据拟合得到；K 为绝对渗透率；μ_w、μ_o 为水相、油相黏性系数，依赖于相饱和度，水相黏度还依赖聚合物、阴阳粒子的浓度；γ_1、γ_2 分别为水相、油相的密度；D 为深度函数：

$$D = D(x, y, z) = z$$

二、物化参数模型

1. 渗透率下降规律

B-PPG 颗粒封堵的作用主要体现在降低油藏的绝对渗透率，故可以通过渗透率下降因子描述该机理，根据室内试验分析，渗透率下降因子和颗粒浓度、渗透率、水相流速有关，即

$$R_{ppg} = R(C_{ppg}, K, V_w) = 1 + (R_{k\max} - 1)\frac{bK^{\alpha_1} C_{ppg}}{(1+bC_{ppg})|V_w^{\alpha_2}|} \tag{5-19}$$

式中，$R_{k\max}$ 为与孔隙度、渗透率、含盐量有关的参数；K 为绝对渗透率；α_1、α_2、b 为需要根据试验结果拟合的参数；V_w 为水相流速。

2. B-PPG 增黏性质

B-PPG 溶液的黏度和颗粒的浓度、含盐量有关，无剪切速率的黏度公式可采用公式计算或二维插值公式，对单一 B-PPG 溶液，其无剪切黏度计算公式如下：

$$\mu_{ppg}^0 = \mu_w[1 + (A_{p1}C_{ppg} + A_{p2}C_{ppg}^2 + A_{p3}C_{ppg}^3)C_{sep}^{S_{ppg}}] \quad (5\text{-}20)$$

式中，A_{p1}、A_{p2}、A_{p3}、S_{ppg} 为需要根据试验结果拟合的参数；C_{sep} 为含盐量。

与聚合物复配后，体系的黏度还与聚合物浓度有关，因此，式（5-20）变为

$$\mu_{ppg}^0 = \mu_w[1 + (a_1C_{ppg} + a_2C_{ppg}^2 + b_1C_p + b_2C_p^2 + d_1C_{ppg}C_p)C_{sep}^{S_{pg}}] \quad (5\text{-}21)$$

式中，a_1、a_2、b_1、b_2、d_1、S_{pg} 为需要根据试验结果拟合的参数。

聚合物和 B-PPG 颗粒形成的复配体系仍具有空间网状结构，在多孔介质中渗流时会发生剪切降解，会反映出剪切变稀的非牛顿流体的特性。剪切后的黏度公式为

$$\mu_{ppg} = \mu_w + \mu_{ppg}^0 - \mu_w \bigg/ \left[1 + \left(\frac{\dot{\gamma}}{\dot{\gamma}_{1/2}}\right)^{pa-1}\right] \quad (5\text{-}22)$$

式中，γ 为剪切速率，$1/s$；$\gamma_{1/2}$ 表示黏度为 $\dfrac{\mu_{ppg}^0 + \mu_w}{2}$ 时的剪切速率，$1/s$；pa 为需要通过实验回归的参数。

3. 组分吸附模型

B-PPG 在多孔介质表面上的吸附规律符合 Langmuir 等温吸附，吸附滞留量主要与浓度和含盐量以及渗透率有关：

$$\hat{c}_{pol} = \hat{c}_{pol\max} \frac{b_{ppg}c_{ppg}}{1 + b_{ppg}c_{ppg}} \quad (5\text{-}23)$$

以上是我们对非均相复合驱数学模型的构建思路，下面通过化学驱数值模拟的一般流程来看一下我们引入和改进的各个参数是如何反映微观渗流机制和宏观驱油机理的，如图 5-3 所示。

首先，通过压力方程计算得到相的压力和流速，以此计算出当前时刻的颗粒通过因子，代入组分浓度方程中计算 B-PPG 浓度的变化，这个过程反映了颗粒变形通过以及滞留、运移的特征。

其次，根据 B-PPG 浓度修正水相的黏度和残余阻力系数，进而修正源汇项中各个层位的分流量和平面各个网格之间的流量，通过流量的变化反映均衡驱替、

液流转向的机理。

最后，计算下一个时间步的压力，通过压力的变化反映非均相有效封堵的机理。

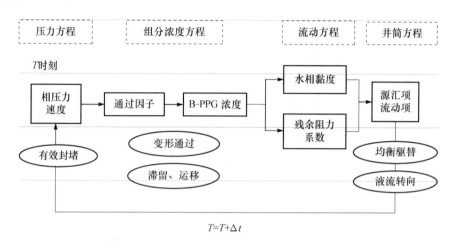

图 5-3　B-PPG 数学模型对渗流特征与驱油机理的反应机制

第二节　非均相复合驱数学模型求解方法

在非均相复合驱数学模型中，主要的偏微分方程包括水相压力方程、聚合物、表面活性剂、B-PPG 的组分浓度方程，对于水相压力方程以及聚合物、表面活性剂的组分浓度方程，其离散方法仍采用软件中原有的隐式离散方式。对于 B-PPG 组分浓度方程，由于在本书中，仍然将 B-PPG 处理为水相中的组分，因此，在离散方法与求解算法方面，仍然采用"十一五"期间研发相对成熟的上游排序算法求解 B-PPG 组分浓度方程（山东大学，2010；杨耀忠等，2010；于金彪等，2012；戴涛等，2012）。

求解 B-PPG 组分浓度方程使用如下技术。

（1）上游排序算法思想：在地层中流体总是由高势能点流向低势能点，高势能点为上游点，可根据压力场分布，确定本点及相邻节点的上下游关系；按照上下游排序（满足条件：本点的所有上游点排在前面），按节点顺序求解方程，如当计算本点饱和度时，其上游点饱和度已求出，可显式代入。上游排序算法的优势是求解饱和度方程或者对流方程时，逐点求解，隐格式稳定性，显格式计算量；从数学上看，是把一个稀疏满阵变换为下三角矩阵，直接求解。

（2）组分浓度方程的算子分裂快速解法思想：将组分浓度方程（对流扩散方

程）分解为对流部分和扩散部分，对流部分使用上游排序解，扩散部分采用交替方向隐格式，三个方向顺序求解。优势对流部分采用守恒的上游格式，结合上游排序方法逐点顺序求解，用显格式的计算量获得隐格式的解。扩散部分采用交替方向隐格式，将三维扩散问题转化为若干个一维扩散问题（三对角矩阵，追赶法求解），既具有隐格式的精度，又极大减少计算工作量。

为表达清晰，我们将 B-PPG 组分浓度方程简写为

$$\phi\frac{\partial}{\partial t}(S_w C) + \mathrm{div}\,(C\beta u - \phi S_w K \nabla C) = Q$$

已知饱和度 S_w 和流场 u_w 在时间步 t^{n+1} 的值，欲求解 C_k^{n+1}。为表达方便，略去组分下标 k，用 C 泛指某个组分的浓度，先解一个对流问题，采用完全上游隐式格式，因为水流场和油流场均为有势场，可以找到一个节点顺序，按照该顺序，当前节点的所有上游节点均已排在了它前面。实际求解按照该顺序逐点计算，隐式格式只显示计算工作量。格式为

$$\phi_{ijk}\frac{S_w^{n+1}C_{ijk}^{n+1,0} - S_w^n C_{ijk}^n}{\Delta t} + (C_{i_+jk}^{n+1,0}\beta_{i_+jk}u_{w,ijk}^{n+1} - C_{i\_jk}^{n+1,0}\beta_{i\_jk}u_{w,i-1jk}^{n+1})/\Delta x +$$

$$(C_{ij\_k}^{n+1,0}\beta_{ij\_k}u_{w,ijk}^{n+1} - C_{ij\_k}^{n+1,0}\beta_{ij\_k}u_{w,ij-1k}^{n+1})/\Delta y + (C_{ijk_+}^{n+1,0}\beta_{ijk_+}u_{w,ijk}^{n+1} - C_{ijk\_}^{n+1,0}\beta_{ijk\_}u_{w,ijk-1}^{n+1})/\Delta z = Q_{ijk}^{n+1}$$

得到 $C^{n+1,0}$ 后，分三个方向交替求解扩散问题，先是 x 方向，

$$\phi_{ijk}\frac{S_w^{n+1}C_{ijk}^{n+1,1} - S_w^n C_{ijk}^{n+1,0}}{\Delta t} - \left[\phi_{i+\frac{1}{2},jk}S_{w,i_+jk}^{n+1}K_{xxi+\frac{1}{2},jk}(C_{i+1,jk}^{n+1,1} - C_{ijk}^{n+1,1})\right.$$

$$\left. -\phi_{i-\frac{1}{2},jk}S_{w,i\_jk}^{n+1}K_{xxi-\frac{1}{2},jk}(C_{ijk}^{n+1,1} - C_{i-1,jk}^{n+1,1})\right]\bigg/\Delta x^2 = 0$$

然后是 y 方向，

$$\phi_{ijk}\frac{S_w^{n+1}C_{ijk}^{n+1,2} - S_w^n C_{ijk}^{n+1,1}}{\Delta t} - \left[\phi_{ij+\frac{1}{2},k}S_{w,ij_+k}^{n+1}K_{yy,ij+\frac{1}{2},k}(C_{ij+1,k}^{n+1,2} - C_{ijk}^{n+1,2})\right.$$

$$\left. -\phi_{ij-\frac{1}{2},k}S_{w,ij\_k}^{n+1}K_{yy,i-\frac{1}{2},jk}(C_{ijk}^{n+1,2} - C_{ij-1,k}^{n+1,2})\right]\bigg/\Delta y^2 = 0$$

最后是 Z 方向，解得 C^{n+1}：

$$\phi_{ijk}\frac{S_w^{n+1}C_{ijk}^{n+1} - S_w^n C_{ijk}^{n+1,2}}{\Delta t} - \left[\phi_{ijk+\frac{1}{2}}S_{w,ijk_+}^{n+1}K_{zz,ijk+\frac{1}{2}}(C_{ijk+1}^{n+1} - C_{ijk}^{n+1})\right.$$

$$\left. -\phi_{ijk-\frac{1}{2}}S_{w,ijk}^{n+1}K_{yy,ijk-\frac{1}{2}}(C_{ijk}^{n+1} - C_{ijk-1}^{n+1})\right]\bigg/\Delta z^2 = 0$$

该时间步计算结束，得到 P_w^{n+1}、P_o^{n+1}、S_w^{n+1}、S_o^{n+1}、C_k^{n+1}，进入下一个时间步。

第三节 非均相复合驱数值模拟软件研制

一、软件研制基本方案

通过 B-PPG 室内试验结果，对 B-PPG 的宏观驱替特征总结为滞留、封堵调剖、运移、增黏调驱。从数学模型描述上，B-PPG 的滞留与封堵规律主要是基于实验室测得的吸附曲线与渗透率下降系数曲线来建立的；B-PPG 的运移主要通过组分质量守恒方程（加入通过因子）来描述；B-PPG 的增黏性主要基于实验室测得的黏浓曲线来建立。在试验数据的基础上，通过拟合、回归建立相应的物化参数方程，并在软件中实现相应的数据处理功能。在模拟计算过程中，主要研究 B-PPG 组分运移方程及物化参数方程的数值求解算法，形成非均相复合驱数值模拟的系统研究方法与软件。该研究方案的技术思路如图 5-4 所示。

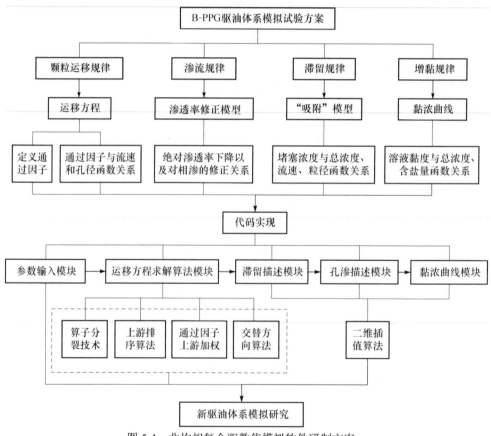

图 5-4 非均相复合驱数值模拟软件研制方案

二、概念模型测试

聚合物驱后油藏在平面与纵向上非均质进一步增强，非均相复合驱能够更好地调节地层的非均质性，达到均匀驱替的目的。下面，分别通过平面与纵向的非均质概念模型，测试所提出的非均相复合驱数值模拟方法的有效性。

（一）平面非均质模型测试

模型初始参数设置如下：模型规模为网格 450（15×15×2），时间 10000 天；网格步长为 20m×20m×2m；初始含油饱和度为 0.76（束缚水对应的含油饱和度）；孔隙度为 0.3；井网为反五点井网；平面渗透率分布为 $1000×10^{-3}$~$3000×10^{-3}μm^2$（井点 $2000×10^{-3}μm^2$）见图 5-5。

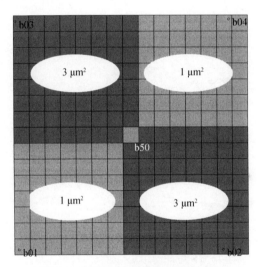

图 5-5　平面非均质模型渗透率分布

段塞设置：3000~4500 天注入 0.1%的聚合物；6000~7000 天注入 0.1%的聚合物+0.2%表面活性剂+0.1%B-PPG（二元情况下不注 B-PPG），其余时间水驱；注入速度 30m³/d（0.1PV/a）。

模拟结果如下。

从图 5-6 可以看到，对于平面非均质较强的地层条件下，非均相复合驱相比二元复合驱降低含水的幅度与时间段均增大（长）。另外可以看出，非均相复合驱相比聚合物驱、二元复合驱见效更快。

从图 5-7 与图 5-8 的结果可以看出，聚合物驱后二元复合驱对非均质的改善程度有限，虽然可以通过表面活性剂动用更多的剩余油，但是高、低渗区域的液流转向能力不足；相比之下，非均相复合驱除具备二元复合驱的流度控制和洗油

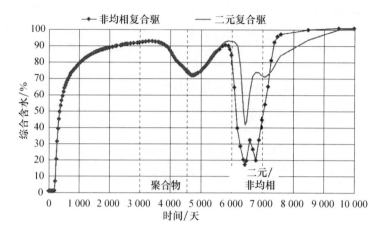

图 5-6 平面非均质模型非均相复合驱与二元复合驱综合含水对比

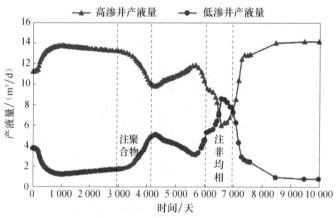

图 5-7 平面非均质模型非均相复合驱高、低渗井产液量变化曲线

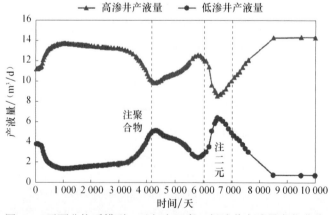

图 5-8 平面非均质模型二元复合驱高、低渗井产液量变化曲线

效率优势外,可以使高、低渗区域的液流发生转向,加大对低渗透区域的驱替,最终进一步降低含水、提高采收率。利用平面非均质模型模拟的不同驱替方式采收率曲线如图 5-9 所示。

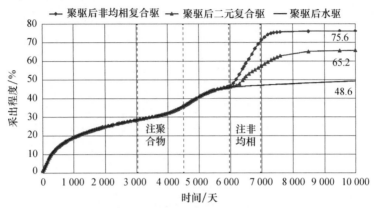

图 5-9　平面非均质模型不同驱替方式采出程度对比

从图 5-9 可以看出,聚合物驱后非均相复合驱相比二元复合驱能进一步大幅度提高采收率。主要原因是一方面 B-PPG 对高渗透区域的封堵造成液流流向低渗透区域,增大了低渗透区域的驱替倍数和洗油效率;另一方面,B-PPG 的黏度对高渗、低渗区域起到了更好的流度控制作用,进一步降低了含水,提高了采收率。

此外,从图 5-10 可以看出,非均相复合驱注入后,地层平均压力上升 2~3MPa,证明非均相复合驱可以显著提升地层驱替压差,具有较强的封堵性能。

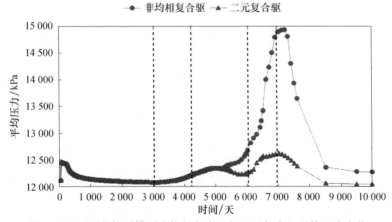

图 5-10　平面非均质模型非均相复合驱与二元复合驱平均压力变化

通过平面非均质模型的聚合物驱后油藏开发方式模拟对比,数值模拟结果与实验室驱替基本特征相符,验证了本书中建立的数值模拟方法的可靠性。

(二）纵向非均质模型测试

该模型在纵向上两层渗透率分别为 $1\,000\times10^{-3}\,\mu m^2$、$3\,000\times10^{-3}\,\mu m^2$，其余模型参数与上文中平面非均质模型一致，动态注入、生产数据也与平面非均质模型一致。模拟结果如下。

从图 5-11 中可以看出，纵向非均质模型中，化学驱的见效时间要晚于平面模型。主要是由于纵向非均质性带来注入井在各个层位的流量分配不同，导致水相推进速度不同。

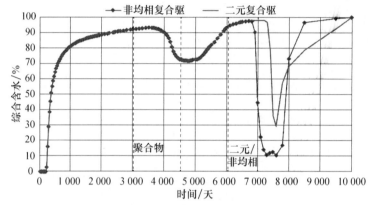

图 5-11　纵向非均质模型非均相复合驱与二元复合驱综合含水对比

从图 5-11 与图 5-12 的结果可以看出，对于纵向非均质的模型，非均相复合驱降低含水、提高采收率的效果更明显，且相比二元复合驱具有见效时间早、含水下降幅度大、周期长的优势。

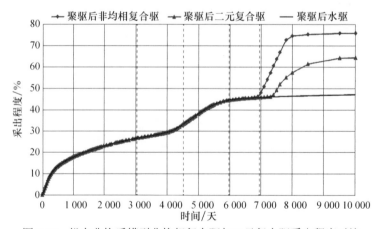

图 5-12　纵向非均质模型非均相复合驱与二元复合驱采出程度对比

（三）正韵律概念模型测试与 B-PPG 机理模拟验证

在以上两个算例中，通过计算体现了 B-PPG 降水增油的模拟效果，其中的化学剂物化参数、油水相对渗透率等参数主要取实验室的结果。在实际的油藏开发中，对应的参数会有所不同，含水的降低幅度与采收率提高程度均有较大变化。在接下来的算例中，拟通过正韵律概念模型测试，对 B-PPG 的主要驱油机理进行总结验证，通过调整物化参数大致拟合矿场开发指标，并为矿场非均相复合驱实施方案提供支持。

建立纵向上不连通的三层概念模型，如图 5-13 所示。

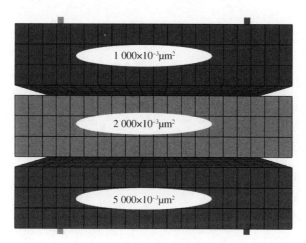

图 5-13 正韵律概念模型基本设置

模型基本参数：网格规模为 $20\times20\times9$，网格步长为 $5m\times5m\times2m$，纵向渗透率分布为 1000∶2000∶5000，束缚水饱和度为 0.24，各地层之间相互不连通，段塞设置为：1～3650 天——注水（$30m^3/d$，0.2PV/a）；3650～4650 天——注化学剂，其中聚合物驱为 3 000mg/L，二元复合驱为表面活性剂 2 000mg/L+聚合物 3 000mg/L，非均相复合驱为表面活性剂 2 000mg/L+聚合物 3 000mg/L+B-PPG 1 500mg/L；4650 天——后续水驱；模型初始饱和度分布为束缚水饱和度。

高、低界面张力相渗曲线插值数据如图 5-14 所示。

根据计算结果总结验证非均相复合驱的驱替机理如下。

1. 高效封堵

从图 5-15 中可以看出，非均相复合驱体系注入后，注入井井底流压上升幅度较大，其封堵调剖的效果明显优于聚合物驱。

2. 液流转向

从图 5-16～图 5-18 可以看出，非均相复合驱对于改善地层的非均质性效果更好。注入非均相体系后，由于通过因子与残余阻力系数的影响，B-PPG 封堵高渗层，使高渗层的液流量转向中、低渗层，且相比聚合物驱，这种转向的效果更明

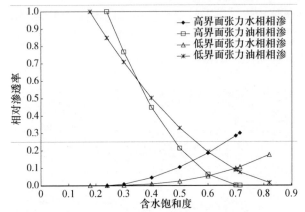

图 5-14　高、低界面张力油水相渗曲线设置

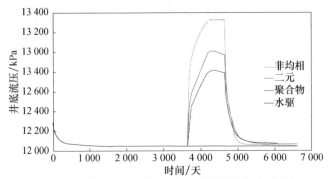

图 5-15　不同驱替方式注入井井底流压变化曲线对比

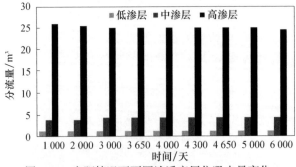

图 5-16　水驱情况下不同渗透率层位吸水量变化

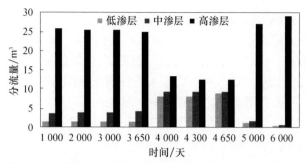

图 5-17 非均相复合驱情况下不同渗透率层位吸水量变化

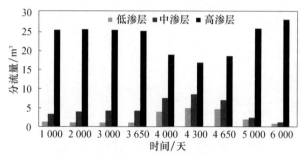

图 5-18 聚合物驱情况下不同渗透率层位吸水量变化

显，使不同渗透率层位的吸水量更加均衡。

3. 调洗协同、均匀驱替

图 5-19、图 5-20 分别是不同驱替方式的采出程度变化情况及非均相复合驱模拟不同层位的采出程度变化情况。

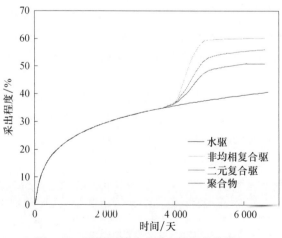

图 5-19 不同驱替方式采出程度变化情况

从图 5-19 可以看出，水驱采收率大约在 40%左右，这与中、高渗砂岩油藏的水驱采收率相仿。聚合物驱、二元复合驱采收率分别在此基础上提高 10%、15%，而非均相复合驱在二元复合驱的基础上又能提高 5%的采收率，说明在非均相复合驱在调节地层非均质性的同时，带来了更强的洗油能力。

从图 5-20 可以看出，非均相复合驱体系注入后，中、低渗层提高采收率的速度与幅度增加，高渗层相应地减缓，说明非均相复合驱数值模拟方法有效实现了均衡驱替的效果。

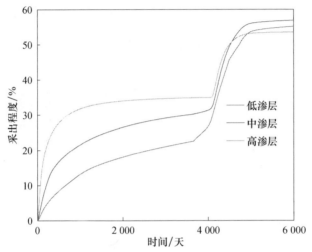

图 5-20 非均相复合驱不同层位采出程度变化情况

三、室内试验结果拟合

（一）填砂管渗流试验压力拟合

在算例中，通过对填砂管单相渗流试验拟合注 B-PPG 过程中不同测压点压力的变化情况，验证 B-PPG 的封堵能力与运移能力，同时对 B-PPG 数学模型的合理性进行验证。

填砂管模型参数如下：孔隙度为 34.22%；长度为 30cm；直径为 2.5cm；渗透率为 $1.99\mu m^2$；注入速度为 5mL/min；出口为定压生产。

如图 5-21 所示，在入口、1/2 处、3/4 处设置三个测压点，计量流体压力的变化，数值模拟拟合结果如图 5-22 所示。

图 5-21 填砂管数值模拟模型

从图 5-22 的结果可以看出,数值模拟结果显示不同测压点的压力变化趋势与实验室结果基本一致,体现了非均相体系的封堵与运移的特征。

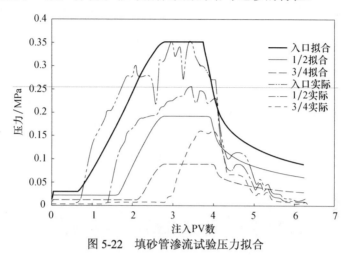

图 5-22　填砂管渗流试验压力拟合

(二) 非均质双管单相渗流试验分流量拟合

利用 SLCHEM 非均相复合驱模块进行室内非均质双管试验模拟,高渗管渗透率为 $3\mu m^2$,低渗管渗透率为 $1\mu m^2$,初始状态下模型中饱和水,为与试验条件相匹配,模型中高渗管和低渗管之间传导率为 0,无流体交换。注入段塞设置为:初始阶段为水驱,注入 1.38PV 时开始注入浓度为 2 000mg/L 的聚合物,注入 2.67PV 时转后续水驱;注入量达到 3.43PV 时,转注 1 000mg/L 的聚合物+1 000mg/L 的 B-PPG,至 6.4PV 后转后续水驱。高渗管与低渗管的分流量模拟结果如图 5-23 所示。

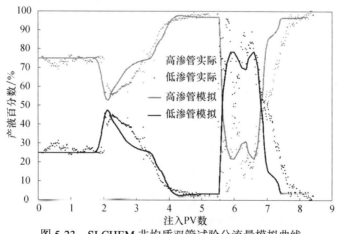

图 5-23　SLCHEM 非均质双管试验分流量模拟曲线

通过双管试验模拟，验证了 SLCHEM 中 B-PPG 的液流转向功能的有效性。非均相体系驱替后，由于 B-PPG 颗粒在高渗区域启动压力低，通过因子较高，容易进入高渗区域并形成封堵。大量的 B-PPG 颗粒进入高渗管中，在高渗管的孔喉处形成暂时性堵塞，使液流发生转向，流向低渗管，增加了低渗管的采液量。

（三）非均质双管试验驱油试验拟合

在算例中，基于室内试验模型设计建立了网格规模为 40×3×1 的模型，为描述两个填砂管之间除入口外互不连通的情况，数值模拟模型平面上中间一层设置为隔层，渗透率为 0，井位设计为在入口处设定一口水平井，从而可以通过不同渗透率区域生产指数的变化动态计算非均质双管的分流量。如图 5-24 所示。

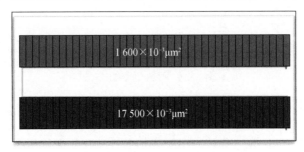

图 5-24　非均质双管驱油模拟模型设计

段塞设计为：注入体积为 1.17PV 前为水驱，注入体积在 1.17～3.28PV 时为 B-PPG 驱（1 000mg/L），之后为后续水驱阶段。模拟高渗管、低渗管的采出程度与分流量结果如图 5-25 和图 5-26 所示。

从图 5-25、图 5-26 的计算结果可以看到，注入 B-PPG 后，高、低渗管的产液量发生了反转，有效增大了对低渗透区域的驱替，大幅度提升了低渗管的采收率。

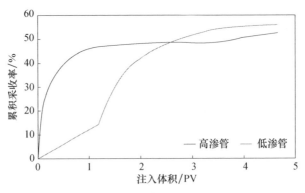

图 5-25　非均质双管驱油实验累计采收率模拟结果

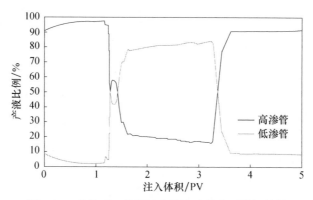

图 5-26　非均质双管驱油实验产液量分配模拟结果

从表 5-3 可以看到，高渗管与低渗管在水驱阶段的采收率与实际不完全一致，这一方面与两个管内的相对渗透率有关，另一方面也与填砂管的非均质性、油水性质有关。从采收率的变化趋势来看，计算结果与实际结果基本是一致的。

表 5-3　非均质双管驱油试验指标结果对比

试验结果	水驱采收率/%	最终采收率/%	提高程度/%
高渗管实际结果	41.7	51.7	10
高渗管计算结果	46.5	53.2	6.7
低渗管实际结果	19.8	56.6	36.8
低渗管计算结果	14.7	56.2	41.5

第四节　非均相复合驱数值模拟软件矿场应用

一、先导试验拟合、跟踪与预测

孤岛中一区 Ng3 非均相复合驱先导试验区，中心井区注入井有 15 口，生产井有 10 口，面积为 0.275km^2，地质储量为 123 万 t，2009 年采出程度为 54.1%，综合含水达到 98%（孙焕泉，2014）。

网格规模为 479 180（97×95×52），其中有效网格节点数为 130 391，平面网格分布如图 5-27 所示。

化学剂段塞设置如下。

2009 年 2 月 21 日：11-311 试注聚合物 1500mg/L+B-PPG 500mg/L。

2010 年 11 月 1 日：前置段塞，聚合物 1500mg/L+PPG1 500mg/L。

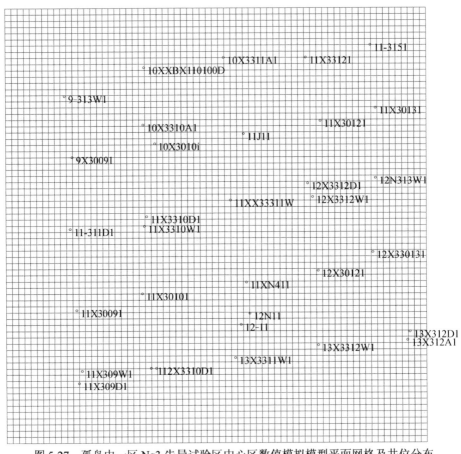

图 5-27　孤岛中一区 Ng3 先导试验区中心区数值模拟模型平面网格及井位分布

2011 年 3 月 1 日：聚合物 1 500mg/L+PPG1 500mg/L。
2011 年 8 月 5 日：聚合物 2 000mg/L+PPG2 000mg/L。
2011 年 11 月 17 日：主段塞，聚合物 900mg/L+PPG900mg/L+表面活性剂 0.4%。
2012 年 1 月 13 日：聚合物 1 200mg/L+PPG1 200mg/L+表面活性剂 0.4%。
在该区块的数值模拟工作中，主要的难度有以下三个方面。

（1）中心区注采量严重不平衡，由于区块的非闭合性，同时考虑到现场动态数据的变化频繁，需要进行大量的动态劈产工作。

（2）注入非均相复合驱段塞后，现场见效时间较早，根据聚合物驱数值模拟的经验，数值模拟的见效时间往往会大大滞后。

（3）单井含水多呈现台阶式下降。

在该区块的数值模拟跟踪拟合过程中，主要针对上述三个问题，采取的如下的模型改进措施：①根据该区块的压力测试结果，逐井不断修正边角井的产量；②修改 B-PPG 颗粒的可及孔隙体积，调整拟合化学剂的见效时间；③调整 B-PPG 的通过因子与残余阻力系数，以及聚合物、B-PPG 的黏度，拟合综合含水指标及单井含水变化趋势。

对该区块的综合含水拟合、跟踪与预测结果如图 5-28 所示。

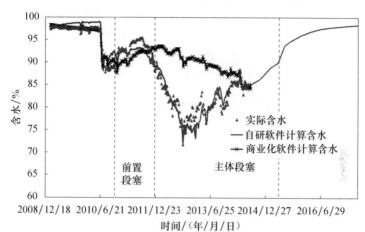

图 5-28　孤岛中一区 Ng3 先导试验区中心区综合含水拟合、跟踪与预测

非均相复合驱相比二元复合驱的重要区别是在增加驱替液黏度、降低油水界面张力的同时，能改善地层的非均质性，使不同渗透率区域的液流发生转向，加大对中、低渗层的驱替，从而起到更好的降水增油的效果。图 5-29 为非均相复合驱与二元复合驱模拟的矿场综合含水情况对比：

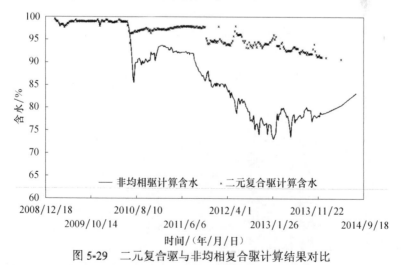

图 5-29　二元复合驱与非均相复合驱计算结果对比

从非均相复合驱数值模拟结果来看，该软件能够对矿场的特征进行有效拟合

计算，较准确地描述了先导试验区降水增油的效果。

通过历史拟合和动态跟踪，将现场的单井减小特征进行了分析和总结，从结果来看，单井的见效情况可以分为两种类型，第一类是前期见效井，主要特征是在化学驱段塞注入较短时间（约半年）即明显见效，含水呈现台阶式下降，如12X3012 井、10X3010 井等，以 10X3010 井为例，单井拟合情况如图 5-30 所示。

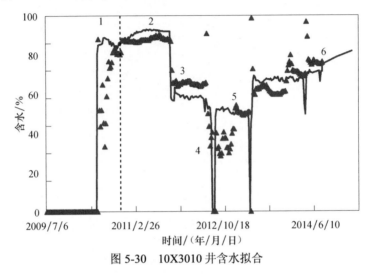

图 5-30　10X3010 井含水拟合

在图 5-30 中，根据数值模拟的结果，选取了六个不同时刻，对比不同层位液量和含水的变化，分析其见效特征产生的原因，结果如图 5-31 所示。

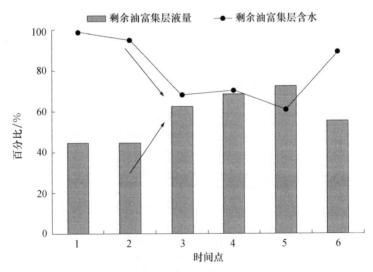

图 5-31　10X3010 井不同层位液量与含水变化情况

从图 5-31 的结果可以看出,在含水台阶出现前后,初始剩余油富集的层位液量明显增加,同时含水也明显下降,两者共同作用,造成了单井含水呈现台阶式地下降。

对于单井见效情况,第二种类型为后期见效井,这类井的见效特征是注入化学剂段塞后较长一段时间(1.5 年以上)才开始见效,如 11X3012 井,12X3013 井等,以 11X3012 井为例,其含水拟合情况如图 5-32 所示。

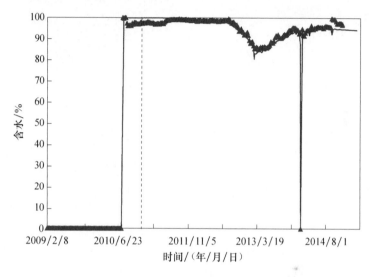

图 5-32　11X3012 井含水拟合

分析这一类井的见效特征,认为主要是由于井区初始含油饱和度并不高,因此,在非均相段塞注入的一段时间之内,井附近没有剩余油富集,因而未见到明显效果,而随着非均相体系的调、洗作用,使一部分剩余油逐渐在生产井附近汇聚,因而在进一步驱替一段时间后,此类井开始见效,且见效效果逐渐显现,含水与聚合物驱类似,呈现漏斗式的下降趋势。

图 5-33 给出了初始时刻与见效时刻的井区剩余油分布图,也证明了以上的分析。

对于不见效或见效效果较差的几口井,分析其原因主要是生产井附近初始剩余油饱和度不高,并且随着非均相复合驱段塞注入后,从注入井流向该井的可动油也较少。

二、非均相复合驱矿场开发机理分析

在孤岛中一区 Ng3 非均相复合驱先导试验拟合、跟踪的基础上,本书针对非均相复合驱的开发机理进行了归纳,得到了以下几点认识。

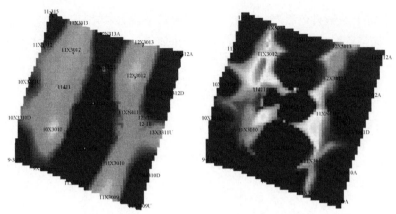

（a）11X3012井初始　　　　　（b）见效时33层顶部含油饱和度分布

图 5-33　初始时刻与见效时刻的井区剩余油分布图

1. 液流转向、扩大波及是矿场实施见效的主要机理

基于馆 3 的矿场模型，分别对聚合物驱、二元复合驱以及非均相复合驱条件下剩余油饱和度大于 30%的孔隙体积变化情况进行了统计，结果如图 5-34 所示。

从图 5-34 可以看出，对剩余油饱和度较高的区域，聚合物驱后比例由 22.5%降低到 18.9%，动用了约 3.6%的比例；二元复合驱在聚合物驱的基础上，进一步小幅度动用了一部分高剩余油饱和度的油藏区域，使这部分比例降低到 17.4%，分析其原因主要是表面活性剂的洗油作用；而非均相复合驱由于液流转向作用，大幅度波及了高含油饱和度的区域，同时由于提高波及带来的表面活性剂洗油作用增强，使高含油饱和度孔隙体积大幅度下降，所占比例下降到 8.9%。因此，非均相体系的扩大波及作用，增加了对高剩余油饱和度区域的动用，从而进一步提

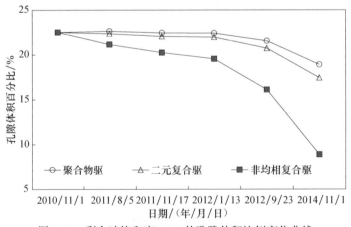

图 5-34　剩余油饱和度＞0.3 的孔隙体积比例变化曲线

高了降水增油的效果。

2. 剩余油饱和度是影响单井见效效果的主控因素

从现场的见效井特征来看，各个井的见效时间与见效效果差异较大，因此，我们通过数值模拟结果的统计分析，认为剩余油饱和度是影响单井见效效果的主控因素，统计结果如图 5-35 所示。

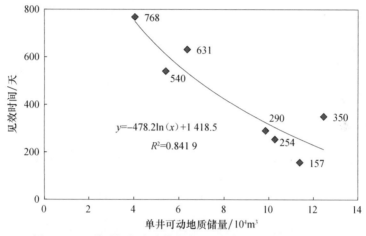

图 5-35　见效时间与含油饱和度＞20%的地质储量关系曲线

从图 5-35 可以看出，见效时间与剩余油饱和度有良好的相关关系，剩余油饱和度越高，单井可动地质储量也越高，见效时间则越早。

从图 5-36 可以看出，单井累产油量与剩余油饱和度有良好的相关关系，剩余油饱和度越高，单井累产油量越高，见效效果越好。

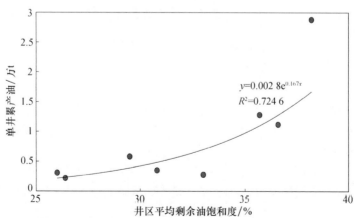

图 5-36　井区剩余油饱和度对单井累产油的影响关系曲线

3. 非均相复合体系中，聚合物、表面活性剂、B-PPG 推进速度存在明显差别

从数值模拟拟合情况来看，在非均相复合驱油体系中，聚合物、表面活性剂、B-PPG 三种化学剂的推进速度存在明显的差别，如图 5-37 所示。

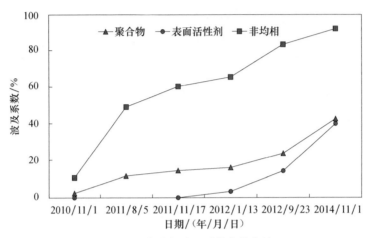

图 5-37　化学剂波及系数变化曲线

从图 5-37 中可以看出，在不同时刻，不同化学剂的波及系数明显不同，即化学剂的推进速度存在明显差异，尤其是 B-PPG，其推进速度明显快于聚合物与表面活性剂，分析其原因，我们认为这主要原因是不可及孔隙体积带来的影响。由于 B-PPG 颗粒粒径较大，因而在多孔介质的运移的过程中，相比聚合物、表面活性剂来讲，无法到达的孔隙体积更多，因而整体推进的速度较快，整体波及范围也更大。

4. 配伍性是影响非均相复合驱开发效果的关键因素

基于上面的第三点认识，为了进一步分析配伍性（这里主要指不可及孔隙体积）对开发效果的影响，我们针对 B-PPG 的不可及孔隙体积开展了数值模拟的测试分析，得到了如下的结果（图 5-38）。

从图 5-38 的结果中可以看出，不同的 B-PPG 颗粒粒径不可及孔隙体积不同，从而对见效特征的影响也不同。从图 5-38 的数据中提取部分关键开发指标，如图 5-39、图 5-40 所示。

从图 5-41 与图 5-42 的结果可以看出，B-PPG 颗粒粒径与孔喉的配伍性对见效时间与见效效果的影响较大，因此，需要在试验上深入认识配伍性的调整范围与作用机制。

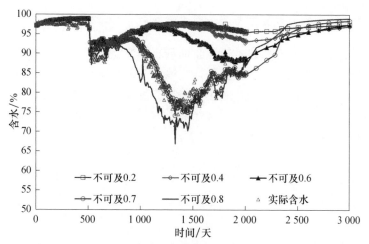

图 5-38 B-PPG 颗粒溶胀后粒径配伍性对综合含水的影响

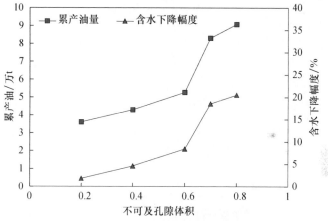

图 5-39 B-PPG 颗粒配伍性对见效效果的影响

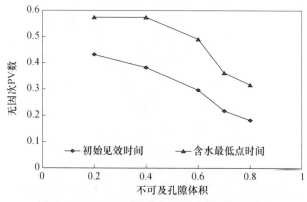

图 5-40 B-PPG 颗粒配伍性对见效时间的影响

5. B-PPG 颗粒的有效黏度与残余阻力系数存在合理的界限

有效黏度与残余阻力系数是描述驱油剂驱油性能与封堵性能的重要参数，因此，我们基于馆 3 的先导试验区模型，开展了有效黏度与残余阻力系数的敏感性分析。通过不同的 B-PPG 黏浓曲线与残余阻力系数曲线，观察其对开发效果的影响。以综合含水为例，不同有效黏度与残余阻力系数及相应的含水曲线如图 5-41～图 5-44 所示。

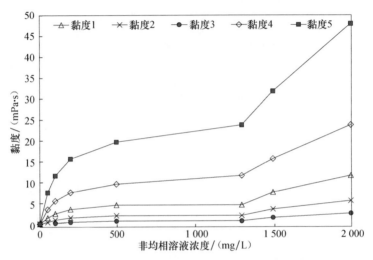

图 5-41　不同 B-PPG 浓度对应的溶液黏度曲线

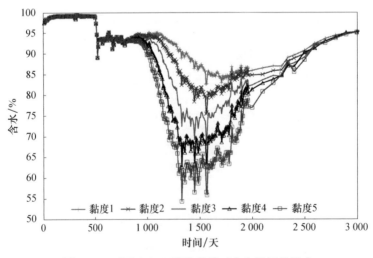

图 5-42　不同 B-PPG 黏浓曲线对含水指标的影响

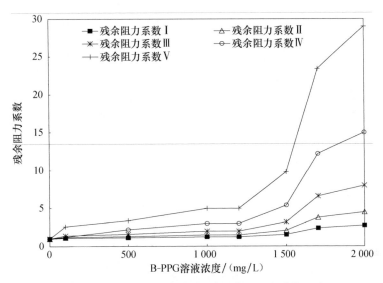

图 5-43　不同 B-PPG 浓度对应的残余阻力系数曲线

渗透率 $3\,000\times10^{-3}\mu m^2$

从图 5-41～图 5-44 的结果来看，随着有效黏度与残余阻力系数的增加，含水曲线发生了明显变化，见效时间、含水下降幅度、含水回返特征等各不相同。为进一步分析这两类参数对见效效果的影响，我们把含水下降幅度、累积产油量两个指标进行了分类统计，结果如图 5-45 和图 5-46 所示。

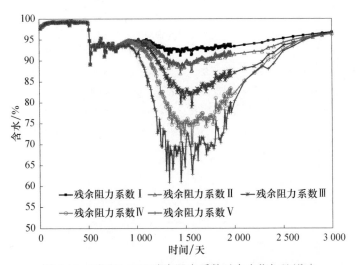

图 5-44　不同 B-PPG 残余阻力系数对含水指标的影响

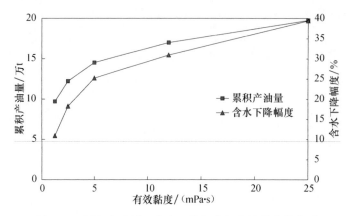

图 5-45　累积产油量、含水下降幅度与有效黏度的关系

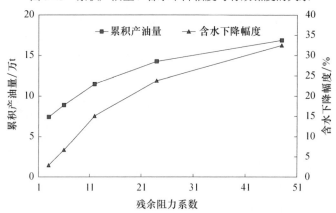

图 5-46　累积产油量、含水下降幅度与残余阻力系数的关系

从图 5-45、图 5-46 可以得出,累积产油量、含水下降幅度与残余阻力系数和有效黏度呈正相关关系,当残余阻力系数、黏度增大到一定程度时,见效效果提升的幅度逐渐减缓,因此,综合考虑见效效果与经济成本的因素,从孤岛中一区矿场试验的认识来看,我们认为,残余阻力系数在 20～30,有效黏度在 10～15mPa·s 是一个合理的范围。

第六章 非均相复合驱矿场应用实例

由于聚合物驱后油藏非均质性更强,剩余油分布更加零散,使常规井网调整、单一聚合物驱、单一二元复合驱等方法均见效甚微,难以满足进一步大幅度提高采收率的需求。为此,针对聚合物驱后油藏,首次提出了井网调整与非均相复合驱相结合的提高采收率方法。研制了由驱油剂 B-PPG、表面活性剂和聚合物固液共存的非均相复合驱油体系,利用黏弹性颗粒 B-PPG 突出的剖面调整能力(张莉等,2010),及其与聚合物在增加体系黏弹性方面的加合作用,进一步扩大波及体积,发挥表面活性剂具有的大幅度降低油-水界面张力的作用,提高洗油效率,同时结合井网调整改变流线,可大幅度提高聚合物驱后油藏采收率,并在孤岛油田中一区 Ng3 聚合物驱后油藏开展了矿场先导试验,获得了显著的应用效果(孙焕泉,2014)。

第一节 试验区筛选

一、试验区的选区

(一)筛选原则

试验目的是研究聚合物驱后复合驱条件下油层开采动态变化特点、油水运动规律及影响因素,对井网调整非均相复合驱的适用性及效果进行综合评价,试验结果具有普遍推广意义,为矿场大规模应用提供依据。根据试验目的,确定选区原则如下:①试验区有代表性,聚合物驱基本结束,降水增油效果显著,生产特征符合胜利油田聚合物驱的一般开采规律;②油层地质情况清楚,油层发育良好,油砂体分布稳定,连通性好,储层非均质程度适中;③储层流体性质(地层原油黏度、地层水矿化度等)、油层温度能代表胜利油田聚合物驱后油藏特点;④采用常规开发井网,井网和注采系统相对完善。

(二)试验区筛选

1. 区块的筛选

胜利油区于 1992 年在孤岛油田中一区 Ng3 开展了聚合物先导试验(张贤松

等，1996），1994 年在孤岛中一区 Ng3、孤东七区西 Ng5^{2+3} 北进行扩大试验（李振泉，2004），1997 年进行了大规模工业化推广应用。到 2008 年年底，胜利油区实施聚合物驱项目 29 个，覆盖地质储量 3.56×10^{8}t。

孤岛中一区 Ng3 聚合物驱的降水增油效果显著，其动态变化规律符合胜利油田聚合物驱开发的一般规律，且井网完善，井况良好，没有明显的大孔道窜流，层间干扰不严重，符合试验条件，因此，选择在孤岛中一区 Ng3 单元开展非均相复合驱先导试验。

2. 试验区筛选

孤岛油田位于山东省东营市河口区境内，在区域构造上位于济阳坳陷沾化凹陷东部的上第三系大型披覆构造带上，是一个以上第三系馆陶组疏松砂岩为储层的大型披覆背斜构造整装稠油油藏。中一区 Ng3 开发单元位于孤岛油田主体部位的顶部，南北以断层为界，东部和西部分别与中二区和西区相邻，是一个人为划分的开发单元。

Ng3 砂层组纵向上划分了 3^1、3^2、3^3、3^4、3^5 五个小层，属曲流河沉积。其中，3^3 和 3^5 层河道宽，沉积砂体厚度大，分布范围广，是单元的主力开发小层；3^1、3^2、3^4 层河道比较窄，沉积砂体厚度小，平面分布不稳定，以条带状和透镜状分布为主。

该单元于 1971 年 9 月投产，1974 年 9 月投入注水开发，Ng3～Ng4 合注合采。经过 1983 年和 1987 年两次井网调整，形成 270m×300m 的 Ng3 和 Ng4 分注分采的行列井网。1992 年 10 月和 1994 年 11 月分别开展了聚合物驱先导试验和扩大试验，2000 年 9 月 Ng3 西北部剩余部分也进行了聚合物驱。与水驱相比，聚合物驱降水增油效果十分明显，先导区和扩大区分别已提高采收率 12.5%和 11.0%。

根据选区原则，结合地面聚合物配注站的分布及其他先导试验的要求，综合考虑聚合物驱试验区的油藏地质、井网井况、开发状况、取心井资料多等因素，选择在 Ng3 聚合物扩大区南部开展先导试验（图 6-1）。

试验区位于中一区 Ng3 单元的东南部，含油面积为 1.5km^2，地质储量为 396×10^{4}t，设计注入井 25 口，生产井 34 口。

试验区油井有 34 口，开井有 30 口，日产液为 3 373t/d，日产油为 64.3t/d，平均单井日产液为 112.4t/d，平均单井日产油 2.1t/d，综合含水为 98.1%，采出程度为 50.3%；注水井 10 口，开井 10 口，日注入 2 120m^3/d，平均单井日注 212m^3/d，注入压力为 8.9MPa。

二、试验区条件分析

复合驱油技术可以大幅度地提高原油采收率，但由于驱油体系中各种化学剂

第六章 非均相复合驱矿场应用实例

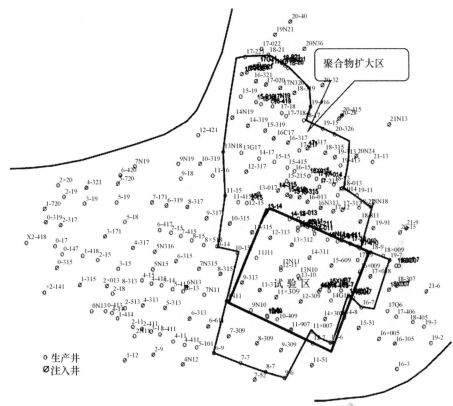

图 6-1　孤岛中一区 Ng3 聚合物驱后先导试区井位图

产品的性能以及地质条件和经济方面的限制,不是所有的油藏都适合复合驱,特别是在聚合物驱后开展复合驱油试验,其油藏条件更为重要。

1. 地下原油黏度

原油黏度在很大程度上决定了复合驱是否可行。原油黏度越高,水驱流度比越大,复合驱对流度比的改善越大。但对于油层原油黏度太高的油藏,复合驱对流度比改善的能力是有限的。因此,地下原油黏度的有利范围为小于 60mPa·s。

试验区地下原油黏度为 46.3mPa·s,适合进行复合驱油试验。

2. 油层渗透率

低渗油层不宜进行复合驱。这主要是由于低渗地层会在井眼附近出现高剪切带,从而使聚合物降解;而复合驱油体系在驱油过程中形成的任何一种乳化液的流动能力都较低,如果岩石的渗透率太低,形成的乳化液在地层中流动很困难,而且容易受到较大的剪切作用,使其稳定性变差;另外低渗引起复合驱油溶液注入速度太低,影响驱油效果,且会因方案实施时间延长,而降低经济效益。

试验区油层渗透率为 1.5～2.5μm^2,聚合物驱的注入速度为 0.1PV/a,适合驱油体系的正常注入。

3. 渗透率变异系数

渗透率变异系数是表征地层渗透率非均质程度的一个重要指标。渗透率变异系数越大,储层的非均质性越强。复合驱的一个很主要的驱油机理就是调整剖面、提高驱替液的波及体积。但对于渗透率变异系数极高的地层,复合驱油体系将发生窜流现象,而影响到驱油效果。复合驱筛选标准中渗透率变异系数的有利范围为小于 0.6。

试验区渗透率变异系数为 0.538,处于有利范围以内。

4. 地层水矿化度

地层水矿化度,尤其是 Ca^{2+}、Mg^{2+} 含量对复合驱油效果有明显的影响。首先地层水对聚合物黏度有较大影响,矿化度和 Ca^{2+}、Mg^{2+} 等二价离子含量越高,聚合物黏度越低;地层水对表面活性剂的影响比较复杂,当矿化度在一定值范围内时,随着矿化度的增加,体系界面张力下降;超过临界值后,随着矿化度的增加,界面张力上升;同时,Ca^{2+}、Mg^{2+} 等二价离子能与表面活性剂起离子交换作用,使其沉积在油层的岩石上,降低了表面活性剂的浓度,从而影响驱油效果。因此,地层水矿化度最好控制在 10 000mg/L 以下,Ca^{2+}、Mg^{2+} 含量在 100mg/L 以下。

试验区目前地层水矿化度为 5 923mg/L,Ca^{2+}、Mg^{2+} 含量为 90mg/L,条件适合。

5. 油层温度

油藏温度太高,会增加表面活性剂与岩石的相互作用,使表面活性剂的吸附量加大;同时,随温度的增加,聚合物溶液的黏度下降,聚合物的化学及生物降解加重。为保证各种化学剂的应用性能,复合驱要求油层温度小于 70℃。

试验区目的层原始油层温度为 69.5℃,符合复合驱的条件。

6. 剩余油饱和度

试验区经历了水驱和聚合物驱开发后,剩余油饱和度明显降低,平均含油饱和度为 31.5%。

为了分析复合驱试验区油藏条件,将试验区主要油藏参数与胜利油田已实施的三元复合驱项目(孤东小井距试验和孤岛西区常规井距试验)和二元复合驱项目（孤东七区西 $Ng5^4 \sim 6^1$）的油藏参数、胜利油区筛选标准进行了对比，如表 6-1 所示。

表 6-1 复合驱试验区油藏条件与已实施区块对比表

油藏参数	孤东小井距	孤岛西区	孤东七区西 $Ng5^4\sim6^1$	孤岛中一区 Ng3	胜利油区筛选标准		
					最佳范围	一般范围	最大范围
含油面积/km²	0.03	0.61	0.94	1.5			
地质储量/10^4t	7.8	197.2	277	396			
孔隙体积/10^4m³	11.9	316	436	703			
地下原油黏度/(mPa·s)	41.3	70	45	46.3	<60	60~80	80~120
油层有效厚度/m	11.0	16.2	12.3	14.2	>5	>5	>5
空气渗透率/$10^{-3}\mu m^2$	3818	1520	1320	2589	>1000	1000~500	500~100
渗透率变异系数	0.33	0.54	0.58	0.538	<0.6	0.6~0.7	0.7~0.8
地层水矿化度/(10^4mg/L)	0.445	0.686	0.8207	0.592	<1	1~2	2~3
Ca^{2+}、Mg^{2+}含量/(mg/L)	92	143	231	90	<100	100~150	150~200
地层温度/℃	68	69	68	69.5	<70	70~75	75~80
剩余油饱和度/%	35.2	51.9	45.5	37.2			

从表 6-1 中可以看出，试验区油藏参数明显好于孤岛西区，与孤东小井距和七区西试验区相近，只是剩余油饱和度偏低。试验区主要油藏参数、流体条件和地层温度皆处于复合驱的最佳范围内，进行复合驱试验是可行的。

综合评价，试验区具有代表性，试验结果具有普遍推广意义。

第二节 先导试验方案研究

一、油藏地质特征

油藏地质特征研究通过油田的静、动态资料，对试验区油藏的构造特征、储层特征、流体性质、地层温度和压力进行系统的研究，建立地质静态模型，它是剩余油分布研究和方案编制的基础。

试验区含油层系为上馆陶组的 Ng3 砂层组，为高渗、高饱、中高黏度、河流相沉积的疏松砂岩亲水油藏，油藏埋藏浅，南高北低，埋藏深度在 1173~1230m。试验区油层物性好，胶结疏松，出砂严重。油层为河流相正韵律沉积，非均质性严重，渗透率变异系数为 0.538，孔隙度为 33%，空气渗透率为 1.5~2.5μm²。非均相复合驱试验区基础参数表如表 6-2 所示。

表 6-2 非均相复合驱试验区基础参数表

参数	取值	参数	取值
含油面积/km²	1.5	原油饱和压力/MPa	10.5
砂层厚度/m	23.2	原始油气比/(m³/t)	30
有效厚度/m	16.3	原油体积系数	1.105
地质储量/10⁴t	396	地下原油黏度/(mPa·s)	46.3
孔隙体积/10⁴m³	755	地面原油密度/(g/cm³)	0.954
孔隙度/%	33	地面原油黏度/(mPa·s)	300～800
空气渗透率/μm²	1.5～2.5	天然气相对密度	0.6263
渗透率变异系数	0.538	天然气甲烷含量/%	91.1
原始含油饱和度/%	66～69	地层水黏度/(mPa·s)	0.46
油层埋深/m	1173～1230	原始地层水总矿化度/(mg/L)	3850
原始地层压力/MPa	12.0	原始地层水 $Ca^{2+}+Mg^{2+}$/(mg/L)	26
原始油层温度/℃	69.5	目前产出水总矿化度/(mg/L)	7373
粒度中值/mm	0.148	目前产出水 $Ca^{2+}+Mg^{2+}$/(mg/L)	92
分选系数	1.53~1.85	注入污水矿化度/(mg/L)	8120
孔隙半径中值/μm	12.39	注入污水 $Ca^{2+}+Mg^{2+}$/(mg/L)	95
泥质含量/%	9.0~15.0	油层润湿性	亲水
碳酸盐含量/%	1.34	束缚水饱和度/%	27.4
黏土矿物 蒙脱石/%	34.5	油水两相等渗点 Sw/%	50～60
黏土矿物 伊利石/%	25.5	油水两相渗流宽度/%	40.0～48.0
黏土矿物 高岭石/%	32.0	岩石压缩系数/10^{-1}MPa^{-1}	48.0
黏土矿物 绿泥石/%	8.0	油藏综合压缩系数/10^{-1}MPa^{-1}	54.5

(一) 地层

孤岛油田是受基岩制约的继承性圈闭的整装大油田，是发育在济阳坳陷沾化凹陷东部中生界潜山之上的披覆背斜构造。孤岛油田位于孤岛披覆构造的顶部，构造简单平缓，南高北低，倾角在 1°左右。区内发育两条落差为 5m 左右的开启性小断层，对油层仅起到断开作用。试验区所在的中一区 Ng3 单元位于孤岛油田主体部位的顶部，南北分别被一、二号大断层所遮挡，东西分别与中二区和西区接壤。

试验区位于孤岛中一区,目的层段 Ng3 的埋深为 1173~1230m,为高弯度曲流河沉积,纵向叠置程度高,纵横向变化快。工区内有 192 口井,考虑到整体地质研究的需要,为进一步认识河流变化规律,地质研究中适当对工区进行了外扩,研究区完钻井有 352 口,其中取心井有 8 口。

根据该区地层发育情况及纵向的韵律性,参考前人的研究成果,试验区 Ng3 纵向上划分为 5 个小层,其中 $Ng3^1$、$Ng3^2$ 为透镜砂体,分布范围小、储量规模少;$Ng3^3$、$Ng3^4$、$Ng3^5$ 全区广泛分布,为主力含油小层。

对比中以 Ng^{1+2} 底部含螺化石层为全区的对比标志,标准层附近采用等高程对比模式,厚层砂体采用叠置砂体细分对比模式、河道下切对比模式,砂体变化区域采用横向相变对比模式等河流相等时地层对比模式,对全区进行了闭合对比。

(二)构造

1. 构造形态

试验区所在的中一区构造简单平缓,地层倾角在 1°左右,油层顶深总趋势从南向北由高到低,南部的地层埋深多在 1770m 左右,北部埋深多在 1775m 以下。

2. 微构造研究

在精细地层对比的基础上,编制了试验区主力层顶、底面微型构造,各层微构造趋势符合总的构造趋势,呈现南高北低趋势。在大的构造背景下,呈现出一些 2~3m 的局部微小起伏,包括 41 个正向地形、22 个负向地形(表6-3)、多个斜面地形三类,这些地形受控于区域构造格局和河道下切侵蚀与差异压实作用。

表 6-3 试验区微型构造统计表

小层	正向型		负向型	
	个数	高程差/m	个数	高程差/m
$Ng3^3$	12	2.0~4.5	7	2.0~4.0
$Ng4^3$	15	2.0~4.8	6	2.0~3.5
$Ng5^3$	14	2.0~4.4	9	2.0~3.9
合计	41	2.0~4.8	22	2.0~4.5

(三)沉积微相

1. 岩性特征

试验区目的层 Ng3 储层是一套粉细砂岩组成的正韵律沉积,埋藏浅,成熟度低,发育粉砂岩平行层理、交错层理、斜层理及曲流河沉积典型的ε层理。据完钻8口取心井资料分析,砂岩储层主要由长石、石英、黑(白)云母、黏土矿物、碳酸盐矿物和硫化物矿物等组成。岩石类型以长石粉细砂岩为主,其次为长石粉砂岩、长石中砂岩、泥质粉砂岩等。碎屑颗粒中石英含量约占56%,长石含量超过30%,岩屑占10.4%~13.3%,为岩屑长石砂岩(表6-4)。泥质胶结,泥质含量为9%~15%。碳酸盐含量低,为1.4%。油层胶结疏松,胶结类型以孔隙-接触式为主。

表6-4 取心井薄片资料统计表

层位	样品数	石英/%	钾长石/%	斜长石/%	岩屑/%
Ng3³	10	59.4	11.7	18.4	10.5
Ng4³	7	52.8	11	20.4	13.3
Ng5³	19	55.9	12.2	21.5	10.4

试验区Ng3的岩性以细砂岩、粉砂岩、泥质粉砂岩、粉砂质泥岩和泥岩为主,发育五种类型的岩相。

(1)含泥砾砂岩相:该岩相比较少见,具似斑状微观特征,分选性差。层理不太发育,底部具冲刷现象,原生孔隙较发育。

(2)具平行层理或交错层理细砂岩相:该岩相非常发育,不同纹层内部的结构不同。由碎屑颗粒组成的纹层抗压实作用强,粒间孔隙较发育,而泥质纹层或者云母片组成的纹层内部又具密集纹理,部分云母被压弯,个别被压断,压实程度较弱,纹层-纹理造成垂向上明显宏观-微观非均质性。该岩相与长石中砂岩相组合,往往形成于边滩微相中的滩脊微相,填隙物较少,原生孔隙相当发育,饱含油。

(3)小型交错层理泥质粉砂岩相:颗粒呈棱角状,泥质含量高,而钙质胶结物含量极小,为机械压实作用成岩相,具纹理结构。与灰黄色泥质细粉砂岩、细密水平层理泥质粉砂岩共生,主要形成于天然堤微相,平面上呈窄条带状。

(4)钙质胶结粉、细砂岩相:形成于边滩微相中,由于发生了方解石和铁方解石的基底式胶结作用,胶结十分致密,属于钙质胶结成岩相,其中可见铁方解石溶蚀交代石英和长石颗粒、孔隙性极差,在横向上分布不稳定,成为致密夹层。

(5)暗紫红色粉砂质泥岩相和浅灰色泥岩相:这两种岩相分别形成于泛滥平原相和泛滥盆地相,电性曲线均位于泥岩基线附近,前者成分不均,含粉砂,后者成分较纯,具纹理结构,呈渐变过渡关系,均为主要的隔层和夹层类型,对流体渗流有重要影响。

2. 粒度特征

据新完钻的3口取心井粒度资料统计表明(表6-5),该区粒度中值一般为

0.13~0.18mm，平均为 0.16mm；C 值一般为 0.37~0.47mm，平均为 0.42mm；岩性以粉细砂岩为主，分选相对中-好，粒径小于 0.01mm 的泥质含量平均只有 2.6%。

表 6-5 中一区新完钻 3 口取心井粒度资料统计表

层位	样品数	C 值/mm	M 值/mm	分选系数	泥质含量/%
$Ng3^3$	122	0.47	0.18	1.68	2.56
$Ng4^3$	87	0.37	0.13	1.81	3.55
$Ng5^3$	225	0.43	0.17	1.6	1.69
平均		0.42	0.16	1.7	2.6

概率累积曲线表明，该区以二段式为主，悬浮组分含量比较低，跳跃组分含量高且斜率较大，反映砂体的分选相对较好。C-M 图反映储层具有牵引流的沉积特征。

3. 沉积微相

试验区 Ng3 是一套高弯度曲流河沉积储层，沉积微相类型以河道、边滩、废弃河道、河漫滩砂为主。

河道是 Ng3 最主要的沉积单元。垂向上具有粒度向上变细、沉积规模向上变小的典型正韵律特征。一般层序底为冲刷面，冲刷面之上偶见泥砾沉积，向上由中、细粒度渐变为细、粉砂岩至纯泥岩（溢岸沉积），表现为明显的二元结构；自下而上具平行层理、槽状交错层理、爬升层理、波纹层理，顶部为具水平层理的泥岩。自然电位、自然伽马测井曲线以钟形为主，也有箱形、钟形箱形组合型，微电极曲线幅度差大。

边滩是 Ng3 最有利的沉积单元，在垂向剖面呈明显的正韵律，构成曲流河"二元结构"的主体。边滩砂体是由若干个侧积体和侧积层叠加而成。自然电位、自然伽马测井曲线整体上以钟形为主，微电极曲线幅度差大，侧积层发育的部位微电极曲线明显回返，幅度差减小，自然伽马与自然电位曲线也见轻微回返。

在河道在演变过程中，整条河道或某一段河道丧失了作为地表水通行路径的功能时，原来沉积的河道就变为废弃河道。平面上废弃河道的位置，一定与河道相毗邻，位于单一河道砂体的凹岸边部。由于废弃河道突弃和渐弃的形成方式，在剖面上废弃河道上半部有两种充填形式，即由泥或砂泥交互沉积充填，单井上表现为废弃河道底部层位应与河道砂底部层位相当，废弃河道顶部层位应低于河道砂顶部层位。

$Ng3^2$ 及 $Ng3^1$ 砂体以较窄次级河道为主。天然堤岸微相和废弃河道亚相发育，砂体呈土豆状或豆荚状零星分布。$Ng3^3$ 为该区的主力砂体，砂体厚度相对较大、分布范围广，反映水流能量强，主体为河道和边滩沉积，东部和西北部为河道变薄区域。

（四）储层

1. 储层分布

从 Ng3 迭合砂体厚度可看出，研究区储层厚度平面上变化较大，试验井区附近砂体厚度大，向东南、西北均呈变薄的趋势。试验井区砂体厚度为 20~30m，东北部相对较厚，厚度中心可达 30m 以上，向南变薄。

不同砂体的平面变化规律略有不同，其中 $Ng3^3$、$Ng3^5$ 小层砂体厚度相对大，一般为 6~10m，平面分布范围广。$Ng3^3$ 砂体厚度为 6~12m，平均为 7.7m，平面三个厚度中心；而 $Ng3^5$ 砂体厚度为 6~12m，平均为 9.3m。$Ng3^4$ 砂体主要分布在工区中部，呈北西—南东的条带状分布，砂体厚度一般为 3~8m，平均为 5.7m。从砂体厚度大于 1m 的立体显示可以看出，单元砂体厚度平面变化大，反映河道横向变化快的特点。

2. 储层物性

试验区 Ng3 是一套高孔高渗的储层。从该区 8 口取心井的物性分析可以看出，储层孔隙度分析样品为 1457 块，一般为 20.5%~44.6%，平均为 36.7%；渗透率分析样品为 1168 块，一般为 100×10^{-3}~$14700\times10^{-3}\mu m^2$，平均值达到 $2589\times10^{-3}\mu m^2$，储层高孔、高渗（表 6-6）。

表 6-6 中一区 Ng3 取心井物性资料统计表

层位	孔隙度			渗透率		
	样品数/块	分布区间/%	平均值/%	样品数/块	分布区间/$10^{-3}\mu m^2$	平均值/$10^{-3}\mu m^2$
$Ng3^3$	342	20.5~44.6	35.9	284	101~10400	2149
$Ng3^4$	604	25.2~43.4	36.6	476	100~8850	2167
$Ng3^5$	511	20.6~44.2	37.8	408	213~14700	3450
平均		20.5~44.6	36.7		100~14700	2589

试验区 Ng3 是一套粒度粗、泥质含量少的储层。粒度中值主要分布在 0.12~0.24mm，平均为 0.182mm。泥质含量主要分布在 1.0%~7.0%，平均为 4.83%。碳酸盐含量低，平均 2.09%，主要分布 1.0%~3.0%。

3. 储层非均质性

1）平面非均质

储层平面非均质特征是指一个砂体的几何形态、连续性、分布范围以及砂体的孔隙度、渗透率的空间变化所引起的非均质性，主要受微相类型控制。

从砂体形态上看，Ng3 曲流河沉积中，河道砂体呈弯曲带状分布，废弃河道砂体呈透镜状分布，砂体厚度变化大，非均质性强，在垂直河道剖面上，砂层厚度变化梯度大，呈不对称状分布，砂层最厚部位为边滩砂坝，一般厚度大于 8.0m，河道边缘厚度多为 2.0～4.0m，河道充填砂体厚度一般可达 4.0～8.0m，在河床亚相砂岩下部紧靠泥砾层之上有一层油砂，泥质含量低于 8%，称为"清洁砂"，粒度中值大于 0.12mm，渗透率高达 $2000\times10^{-3}\sim4000\times10^{-3}\mu m^2$，是油层出水、出砂的主要部位。这种"清洁砂"主要发育于河床亚相，在边缘亚相不发育。因此，在纵向上，河床亚相砂岩非均质性较边缘亚相严重，在平面上，砂体中部河床亚相沉积渗透率最高，边缘亚相则较低。

同一小层平面上存在不同的沉积微相。不同时期，河流规模及能量会有所差异，致使相同相带，不同沉积时间单元亦有不同的物性特征。由于不同成因砂体形成时水动力条件不同，其不同成因砂体内部渗透率的分布变化也不同。例如，河道砂体沉积时，沿水道或河道主流线的水动力能量较强。因此，渗透率沿水道或河道主流线好，沿两侧变差。天然堤、决口扇及河间洼地砂体沉积时，在靠近河道部分水动力能量强，沉积物粗，渗透性好，远离河道方向水动力能量减弱，沉积物变细，渗透性变差。孤岛油田馆陶组上段储层孔渗性的平面分布与砂岩体的几何形态及主流线的方向有较好的一致性。储层渗透率的高低与沉积微相密切相关。边滩储层渗透率多数大于 $2000\times10^{-3}\mu m^2$；河道充填微相渗透率为 $500\times10^{-3}\sim2000\times10^{-3}\mu m^2$；河道边缘和泛滥平原亚相渗透率多小于 $200\times10^{-3}\mu m^2$。废弃河道亚相渗透率变化较大，一般为 $200\times10^{-3}\sim1000\times10^{-3}\mu m^2$。一般来讲，由边滩－河道充填－河道边缘－泛滥平原，渗透率明显递减，变异系数逐渐增大，即使在同一相带内，其变异系数也较大，说明渗透率的非均质性相当严重。可见，沉积相的展布及砂体形态从宏观上定性地反映了储层平面非均质性，而孔隙度、渗透率等物性参数则定量地反映出平面非均质性的强弱，不同沉积环境下沉积的单砂体砂体展布、储层物性及连通状况等差异明显。

从 $Ng3^3$ 小层孔隙度、渗透率平面分布可以看出，砂体厚度大的区域，储层物性相对较好。全区平均 $Ng3^3$ 孔隙度为 34.3%，渗透率为 $2347\times10^{-3}\mu m^2$。

与 $Ng3^3$ 小层相比，$Ng3^4$ 小层物性相对变差，孔隙度平均为 33.9%，渗透率平均为 $1976\times10^{-3}\mu m^2$，这与 $Ng3^4$ 小层储层纵横变化快有关。

$Ng3^5$ 小层孔隙度平均为 34.4%，渗透率平均为 $2523\times10^{-3}\mu m^2$，是三个小层

中物性最好的一个层。

2）纵向非均质

储层纵向复杂分布是多期砂体叠置的结果。孤岛油田中一区 Ng3 油砂体主要是多期砂体叠置的结果，受短期和中期基准面旋回的影响，砂体叠置组合形式多种多样。

从砂体展布看，$Ng3^5$ 小层分布范围最大，砂体最发育，$Ng3^1$ 小层分布范围最小，砂体发育差；从油层发育来看，Ng3 砂层组由于河道的冲刷、下切作用，造成小层间砂体叠置，非均质更为复杂，在统计的 352 口井内，层间叠置的井有 43 口，占 12.2%。

（1）层间非均质性。层间非均质性是指研究一套砂泥岩间互的含油层系小层之间的垂向差异性，反映了同一开发层系内各砂体的抗干扰程度。从上面的基本数据表可以看出，各小层在厚度、渗透率、孔隙度上差异比较小，主力层和非主力层的渗透率都较高，可以采用一套层系合注合采。

隔层对流体流动可起到阻挡作用。对于复合驱试验来说，隔层发育好既可阻挡外层系的注入水进入本层影响化学剂段塞的波及范围，降低驱油效率，也可以阻挡本层系产出的油流到外层系，造成难以评价试验的降水增油效果；同时，可以阻挡本层系注入的化学剂溶液进入外层系，造成化学剂的无效损失，达不到方案设计的用量。因此，隔层的发育对试验的效果起着关键的作用。

从试验区所在的中一区 Ng3 单元上下隔层分布来看，上隔层一般都大于 10m，发育好。下隔层整体来说发育也较好，一般都在 5m 以上，只是在局部小于 3m。总体来说，上下隔层发育好，层间干扰小，对试验是有利的。

从主力层间的隔层分布可以看出，$Ng3^3 \sim Ng3^4$ 的隔层不稳定，隔层的厚度多小于 2m，局部为 4～8m，有 107 口井上下连通，占 30%；$Ng3^4 \sim Ng3^5$ 间的厚度多大于 2m，局部厚度为 4～8m，发育不稳定，有 93 口井上下连通，占 26.5%。

$Ng3^4$ 小层、$Ng3^5$ 小层内部时间单元间隔层厚度相对薄，平面上连通区域较大，隔层厚度小于 2m 的区域占工区面积的 60%～80%。

（2）层内非均质性。

层内非均质性是指一个砂层内部垂向上储层性质的变化，主要包括储层的韵律性、层内夹层的发育程度，它是直接影响储层垂向上波及体积的关键地质因素。

中一区 Ng3 储层为正韵律的河流相砂体，总体上，底部粒度粗，渗透率高，上部粒度细，渗透率低。通过观察岩心，总结出层内垂向渗透率主要有三种类型：①正韵律层：指底部渗透率大，向上渗透率逐渐变小，这种类型是河流相沉积典型特征，该模式约占 30%；②复杂正韵律层：总体上有底部渗透性高向上变低的趋势，但其内部又包含有若干由高变低的韵律，约占 57%，是多期河道迁移改道和相互叠置而成的，夹层的存在可以阻止油层由于锥进造成高渗段暴淹；③均质层，指渗透率变化不大，这种类型多分布于砂层的下部，其厚度不大，一般小于2m，是一个相对稳定的单元。

储层层内渗透率非均质模式决定了其水淹程度在垂向上的差异较大，正韵律砂层底部出现强水洗段，其上部多为见水、弱见水、甚至不见水。根据取心井及测井资料研究，各时间单元砂体按岩性、电性及物性特征可分为四个相对均质段。

第一均质段主要为粉砂岩，有泥质夹层，电测曲线幅度低，呈锯齿状。这种夹层是点坝侧蚀面上的补偿泥质层，称为侧积层。这种侧积层在砂层下部遭受冲刷，仅在上部保存，使点坝成为上部分隔下部连通的半连通体，对上部油层开采不利。此段渗透率极低，为 $10\times10^{-3}\sim200\times10^{-3}\mu m^2$，占砂层总厚度的 20%。

第二均质段以细砂为主，粒度中值向下增大，测井曲线多呈斜坡状，渗透率中等，为 $200\times10^{-3}\sim1000\times10^{-3}\mu m^2$。

第三均质段是由细砂岩组成的所谓"清洁砂"段。岩心观察胶结疏松，呈"砂糖"状，泥质含量低，小于 8%；粒度中值粗，大于 0.12mm；平均渗透率最高，普遍大于 $1000\times10^{-3}\mu m^2$；厚度不大，一般为 $0.8\sim2.8m$，分布在河床的主流线附近。注入水在重力作用下沿河床下部高渗透带快速推移，是油层出水、出砂的主要部位。

第四均质段为底部滞留沉积。其由泥砾、细砾及砂组成，厚 $0.2\sim1.0m$，渗透率低，分布不连续。

从各小层的渗透率非均质参数计算结果看，各小层的层内非均质性参数差异比较大。主力层的渗透率变异系数一般大于 0.6，突进系数在 2.1 以上，渗透率级差大于 14。非主力层 $Ng3^2$ 层变异系数仅为 0.51，突进系数为 1.53，渗透率级差较小。受沉积韵律的控制，储层底部渗透率高，物性好，顶部渗透率低，物性差，注水开发过程中，注入水沿底部高渗透带推进，造成层内非均质性随注水开发延续进一步加剧。

（3）微观非均质性。

统计 25 块样品的微观结构特征（表 6-7）：最大汞饱和度的平均值为 92.23%，最大孔喉半径平均值为 28.80μm，平均孔喉半径为 7.5μm，变异系数为 0.86，均质系数为 0.29，退汞效率 39.19%，特征结构系数为 0.6223，储层属高孔粗喉型，纵向上 $Ng3^4$ 层略差于 $Ng3^3$、$Ng3^5$ 两层。

表6-7 中一区 Ng3 微观结构特征统计表

层位	样品数	最大孔喉半径/μm	孔喉半径平均值/μm	均质系数	变异系数	岩性系数	最大汞饱和度	退汞效率/%
$Ng3^3$	10	30.49	8.04	0.29	0.87	0.40	92.64	41.99
$Ng3^4$	5	16.53	5.46	0.33	0.84	0.47	89.43	40.79

续表

层位	样品数	最大孔喉半径/μm	孔喉半径平均值/μm	均质系数	变异系数	岩性系数	最大汞饱和度	退汞效率/%
Ng3^5	10	39.42	8.90	0.26	0.88	0.37	94.64	34.81
平均		28.80	7.50	0.29	0.86	0.42	92.23	39.19

储层内部表现为上部为泥质粉砂岩，粒径偏细，孔隙半径中值为 1.92～5.39μm，主要孔隙区间为 4.0～16μm，占总孔隙的 17.45%～23.84%；下部分为粉细砂岩，粒径略有增大，储层的孔隙半径中值为 8.04～12.39μm，主要孔隙区间为 10～25μm，占总孔隙的 27.18%～33.89%，储层的孔径是下部大于上部，层内颗粒的分选情况是下部好于上部。

孤岛油田馆上段储层的孔喉分选和均质程度均较差，微观非均质性严重，但随着注水开发，至中高含水开发期孔喉均值增大，孔喉分选变好，孔喉均匀程度提高，但还呈现明显的孔喉分布不均匀，微观非均质性较严重。

（五）流体性质

1. 原油性质

馆陶组油藏原油为高黏度、高密度、高饱和压力、低含蜡、低凝固点的沥青基石油。Ng3 砂层组地面原油密度平均为 0.954g/cm^3，地下密度为 0.8012g/cm^3，地面原油黏度为 300～800mPa·s，原油地下黏度为 46.3mPa·s。

2. 地层水性质

地层水属 $NaHCO_3$ 型，开发初期总矿化度为 3850mg/L，Ca^{2+}、Mg^{2+} 含量为 26mg/L；由于注入水为产出水处理后回注，使产出水矿化度逐渐增加，平均总矿化度为 7373mg/L，Ca^{2+}、Mg^{2+} 含量为 92mg/L；回注污水总矿化度为 8120mg/L，Ca^{2+}、Mg^{2+} 含量 95mg/L。

（六）油层温度和压力

油藏具有正常压力系统，压力系数在 1.0 左右，原始油层压力为 12.0MPa，饱和压力为 10.5MPa，地饱压差为 1.5MPa。地温梯度正异常，为 3.4℃/100m，原始油层温度为 69.5℃。

（七）试验区储量计算

储量计算采用了容积法，以小层为计算单元。各参数的平均值的计算方法如下。

首先，有效厚度选值采用了井点面积权衡法。单井控制面积为该井至邻井距离的二分之一范围内的面积，各井所能控制的面积大小随井距而异，以每口井所遇的厚度代表该井控制面积内的厚度。

其次，有效孔隙度选值利用单井解释结果，分小层经厚度权衡后选值。

再次，计算油层平均原始含油饱和度，只限于应用油层有效厚度范围内的岩样分析数据和测井解释值，采用孔隙体积权衡法来计算。

最后，油层平均原油体积系数和平均原油密度分别采用了高压物性取样、地面原油样品分析的算术平均值。

利用上述各项参数，计算了试验区的地质储量(表 6-8)。

表 6-8　试验区储量分布表

小层	砂体形态	含油面积/km²	有效厚度/m	地质储量/10⁴t	占单元比例/%
$Ng3^1$	透镜状	0.11	1	2	0.5
$Ng3^2$	条带状	0.09	1.2	2	0.5
$Ng3^3$	大片连通	1.5	5.5	153	38.6
$Ng3^4$	条带状	0.65	3.7	45	11.4
$Ng3^5$	大片连通	1.5	7	194	49
合计		1.5	14.2	396	100

二、聚合物驱后剩余油分布特点

（一）试验区开发历程及现状

试验区所在中一区 Ng3 开发单元于 1971 年 10 月投产，1974 年 9 月投入注水开发，井网经过 3 次演变，形成了 300m×270m 的行列注采井网。1992 年 10 月开展了聚合物先导试验，1994 年 12 月进行扩大聚合物驱。试验区自投入开发以来，先后经历了以下主要开发阶段（表 6-9）。

表 6-9　试验区不同含水阶段采出程度与含水上升率数据表

补孔井位置	井数口	初期				目前				累油/10⁴t	累水/10⁴m³	备注
		动液面/m	含水/%	日液/(m³/d)	日油/(t/d)	动液面/m	含水/%	日液/(m³/d)	日油/(t/d)			
距老油井大于50m	10	294	87.2	79.3	10.1	318	96.3	75.4	2.8	21345	510309	油井间

续表

补孔井位置	井数口	初期				目前				累油 /10⁴t	累水 /10⁴m³	备注
		动液面 /m	含水 /%	日液 /(m³/d)	日油 /(t/d)	动液面 /m	含水 /%	日液 /(m³/d)	日油 /(t/d)			
并排间井	7	393	92.9	91.6	6.5	250	96.9	60.3	1.9	10016	249292	排间
距老油井小于50m	2	151	98.6	114.0	2.0	117	98.5	94.0	1.0	587	40754	油井间

1. 天然能量开发阶段（1971年10月～1974年8月）

该阶段 Ng3～Ng4 合采，期间油井陆续投产，阶段末平均单井日产油为 20.4t/d，采出程度为 2.6%。该阶段主要利用弹性和气压驱动的天然能量开发，压力下降较快，阶段末地层总压降达 2.0MPa。

2. 无水采油开发阶段（1974年9月～1975年7月）

该阶段为 Ng3-4 合注合采阶段。由于天然能量不足，1974 年年初调整为 270m×300m 反九点面积注水井网，Ng3-4 砂层组合注合采。转注初期注采比较小且注采井网不完善，地层压力继续下降，总压降最大达 2.57MPa；由于多层合采合注，层间干扰严重，造成注入水突进，致使部分油井过早见水，无水期很短，无水采收率仅为 1.5%。

3. 低含水开发阶段（1975年8月～1978年1月）

该阶段仍呈现无水期开采特点，持续时间短，含水上升快，阶段含水上升率高达 7.8%，阶段末含水为 20.6%，采出程度为 2.45%。

4. 中含水开发阶段（1978年2月～1985年4月）

该阶段进行了第一次层系调整。针对层系间含水差异大，干扰严重，含水上升快的状况，为了减缓层间干扰，挖掘油层潜力，1983 年进行了细分层系调整，将 Ng3-4 划分为 Ng3 和 Ng4 两套层系。在边角井的分流线上打一口油井采 Ng4 砂层组，原井网上的老油井上返采 Ng3 砂层组，边井转注 Ng4 砂层组，老注水井仍合注 Ng3、Ng4 砂层组，形成 270m×300m 合注分采的行列注采井网。通过调整减缓了层间干扰，含水上升速度得到控制，阶段含水上升率为 4.2%。

5. 高含水开发阶段（1985年5月～1994年11月）

该阶段进行了第二次层系调整。1987 年 10 月，在注水井排上的注水井中间加密一口新注水井注 Ng3 砂层组，老水井单注 Ng4 砂层组，形成了 Ng3、Ng4 分注分采的行列注采井网，进一步强化了注采井网，实现了 Ng3 和 Ng4 层系的分注分采，减缓了层间干扰，储量动用状况得到进一步改善，开发形势及效果较好，含水上升速度得到有效控制；同时，地层能量恢复，满足了下大泵大幅度提液稳产的需要。1993 年，为了进一步发挥 Ng3 单元主力层的生产潜力、缓解层间矛盾，达到特高含水期综合治理的效果，对储量多、剩余油较富集的地区进行了局部细分加密调整，新钻油水井均布在原井网的油水井排上形成局部 270m×150m 的行列式注采井网。

6. 聚合物驱开发阶段（1994 年 12 月～2006 年 12 月）

该开发阶段采出程度为 14.2%，截至 2006 年 12 月结束聚合物驱。该阶段采用聚合物驱开发方式，取得了显著的降水增油效果，含水上升率明显下降。1992 年 9 月，在 Ng3 单元顶部以 11J11 井为中心井的四个五点法注水井组进行聚合物先导试验，1994 年 12 月在该单元开始进行聚合物驱扩大工业性试验，1997 年 6 月结束聚合物溶液段塞的注入，转入后续注水。该阶段试验区日产油由最低的 323t/d，最高上升到 505t/d，上升了 182t/d，见效井 38 口，见效率为 90.5%，平均单井增油 19662t；综合含水由最高的 91.5%最低下降到 83.5%，下降了 8.0%。到 2006 年 12 月，已积增油 76.8×10^{4}t，提高采收率 11.4%，预测最终提高采收率 11.8%。

截至 2009 年 1 月，试验区共有油井 34 口，开井 30 口，日产液 3 373t/d，日产油 64.3t/d，平均单井日产液能力为 112.4t/d，日产油能力为 2.1t/d，综合含水为 98.1%，采油速度为 0.5%，采出程度为 50.3%。共有注水井 10 口，开井 10 口，日注水能力为 2 120m^3/d，平均单井日注水为 212m^3/d，注入压力为 8.9MPa，累积注水量为 1 843×10^{4}m^3，注入倍数为 2.7。

中心井区有油井 12 口，2009 年 1 月开井 12 口，日产液为 1402t/d，日产油为 24.5t/d，平均单井日产液量为 117t/d，日产油为 2.0t/d，综合含水为 98.3%，累计产油为 115.6×10^{4}t，采出程度为 52.3%。单井日产油量低主要是因为含水高，58.3%的油井含水大于 98%，其中 2 口油井含水 99%以上。66.7%的油井日产液大于 100t/d，58.3%的油井日产油大于 2.0t/d。

（二）中心井区数值模拟研究

1. 数值模型建立

建立能全面真实反映油藏实际情况的模型是数值模拟的重要基础。模型主要包括网格模型、流体模型、油藏模型、动态模型四个方面。

1)网格模型的建立

油藏数值模拟的建模过程实际上就是把油藏中的各种参数进行网格化的过程,在网格模型的建立过程中对网格的形态、方向、尺寸等要素的选择都非常重要。在网格模型建立中主要考虑的因素有:构造、断层的分布特征;网格规模对计算周期的影响;井位对平面网格大小的基本需求;网格中流体的运动方向与主轴线方向。

除以上基本考虑外,针对研究区域在平面上有局部截取的特点,网格覆盖区域在实际选择区域基础上向各个方向扩出2~4排网格,以此为基础反映模拟区与外部区域的流体及能量交换问题。在综合考虑以上因素后,建立了一套等距正交网格模型。定东西向为X轴方向,南北向为Y轴方向,网格步长为10m×10m,总网格节点数为170×70×14,共166600个网格单元,有效节点数为109042个。

2)流体模型的建立

第一,原油物性参数。

根据高压物性分析资料,得到原始油气比、体积系数、地下原油黏度与油层压力的关系,其中,原始地层压力:12.0MPa;饱和压力:10.5MPa;原始油气比:30m^3/t;地层原油黏度:46.3mPa·s;地面原油密度:0.954g/cm^3;地层原油密度:0.894g/cm^3。

由于孤岛油田馆陶组油藏原始压力为12.0MPa,饱和压力为10.5MPa,地饱压差小,生产过程中已出现脱气现象,所以模型采用三维三相模型,考虑油、气、水三相渗流特征。

第二,地层水物性参数。

孤岛油田馆陶组油藏温度为65.8℃,油藏压力为12.0MPa,根据地层水矿化度资料,查阅有关图版及经验公式,计算得到地层水黏度为0.446mPa·s,地层水的体积系数为1.017,地层水压缩系数为$4.8×10^{-4}MPa^{-1}$。

第三,天然气物性参数。

由孤岛油田馆陶组溶解气组分资料及天然气相对密度,查图版得到气体的拟临界温度和拟临界压力,结合地层温度和不同的压力,得到拟对比温度和不同的拟对比压力,查图版得对应不同压力的气体偏差因子,计算得到不同压力下的气体体积系数;查天然气黏度图版得到对应不同压力的气体黏度。

第四,岩石物性参数。

(1)岩石压缩系数。

孤岛油田中一区馆陶组内共取得中12-检411、中10-检413、中10-检411、中13-检10四口井12块样品岩石的压缩系数资料,其值在$20×10^{-4}$~$60×10^{-4}MPa^{-1}$,分析得到岩石压缩系数与压力关系:

$$C_r=185.12P^{-0.8942} \qquad (6-1)$$

油藏中部原始地层压力为 12.0MPa 时，岩石压缩系数为 $28.2\times10^{-4}\mathrm{MPa}^{-1}$。

（2）相对渗透率曲线。

油水相对渗透率是油藏动态预测的重要参数。孤岛油田中一区馆陶组共取得中 10-检 413、中 11-检 11、中 12-检 411 三口井 14 条相对渗透率曲线，经归一化处理平均后得到油水相对渗透率曲线。由于没有相关的油气相对渗透率测试资料，借用相似区块埕北 12 井油气相对渗透率曲线。

根据地质研究，由于注聚和长期注水开发可导致黏土含量降低和孔隙结构的变化，从而导致储层渗流特征发生明显变化。对比分析注聚前取心井（12-J411）14 块岩样和 2008 年最新两口取心井（13-XJ9、14-XJ11）24 块岩样所测油水相对渗透率曲线可知，残余油饱和度明显降低、水相渗透率明显提高（表 6-10）。

表 6-10 注聚前后油水相对渗透率曲线特征变化表

时间段	水相渗透率		残余油饱和度/%		样品数
	变化范围	平均值	变化范围	平均值	
注聚前	0.17～0.24	0.21	0.21～0.31	0.26	14
注聚后	0.22～0.38	0.31	0.20～0.25	0.21	24

在模型计算中根据不同时间段应用不同油水相对渗透率曲线，聚合物驱结束后采用 13-XJ9 井、14-XJ11 井所测曲线，以反映这种储层渗流特征的变化。

（3）毛管压力曲线。

孤岛油田馆陶组共取得中 12-检 411、中 12-检 413 两口井 12 条压汞法毛管压力曲线，仅分析对比后采用 12-检 413 井取得的 10 条压汞曲线用 J 函数进行处理。

取汞与空气界面张力 σ =480mN/m，汞的润湿接触角 θ =140°，考虑 $S_\mathrm{w}=1-S_\mathrm{Hg}$（$S_\mathrm{Hg}$ 为汞饱和度），取标准化的含水饱和度 $S_\mathrm{WD}=(S_\mathrm{w}-S_\mathrm{wi})/(1-S_\mathrm{wi})$，得到无因次 J 函数表达式：

$$J(S_\mathrm{WD}) = 2.72 P_\mathrm{c}^\mathrm{Hg}(S_\mathrm{WD})(K/\varphi)^{1/2} \tag{6-2}$$

利用式（6-2）对 10 条压汞曲线进行转换，然后对应不同的 S_WD 值进行算术平均，得到 J-S_WD 关系，取 $S_\mathrm{wi}=0.2917$、$K=2257\times10^{-3}\mu\mathrm{m}^2$、$\varphi=33.9\%$，计算出 $S_\mathrm{w}\sim P_\mathrm{c}^\mathrm{Hg}$ 关系，取油水界面张力 $\sigma_\mathrm{ow}=25\mathrm{mN/m}$、$\theta_\mathrm{ow}=0°$，得到油藏实际油水毛管压力曲线。

$$P_\mathrm{cow}=P_\mathrm{c}^\mathrm{Hg}/14.709 \tag{6-3}$$

3）油藏模型的建立

孤岛油田中一区馆陶组油水系统简单，具有统一的油水界面。模拟区内各小层之间隔夹层分布稳定，但也存在部分连通的区域。利用井点隔夹层厚度值，将隔夹层发育不完善地区处理为层间连通，其余的均视为不连通。根据中 10-检 413

井 17 块样品分析结果,去掉部分异常点后,取垂向渗透率/水平渗透率=0.51。

模拟区域在平面上有局部截取的特点,因此必须结合边部井压力和含水资料综合分析,判断外部流体及能量对模拟区的影响,并采用对边部井注水量或采出量动态劈产的方法来反映这种交换作用,以尽量降低其对模型精度的影响。

4) 动态模型的建立

生产历史从 1971 年 9 月到 2007 年 2 月,依据各井的射孔历史及油水产量数据建立动态模型。为准确反映生产历史变化,共划分时间阶段 426 个,时间步长为 1 个月。

2. 历史拟合计算

1) 历史拟合的原则

历史拟合就是动静态模型一致性分析对比、反复迭代计算的过程,其目的是要最大可能地反映油藏实际的开发过程。因此,拟合过程中对某些参数的调整是必然的,但历史拟合的多解性有可能导致即使是很荒谬的参数组合也能得到比较可观的拟合结果。为避免参数修改的随意性和盲目性,拟合前确定了以下参数调整的约束范围。

孔隙度:孔隙度的空间变异性一般较小,测井解释的结果比较准确,可视为确定参数,一般不进行改动。

渗透率:渗透率分布的非均质性是影响流体流动的主要因素,然而准确获得渗透率是目前油藏描述中所面临的难题。测井解释的渗透率因孔-渗关系的不确定性而造成较大的误差。因此渗透率为最不确定参数,尤其是井间渗透率,可调性较大。

相对渗透率曲线:因为平面及纵向上岩石物性的变化,相渗曲线形态实际有很大差异,因此为不确定参数。在含水曲线拟合中是调整的重点之一。

岩石压缩系数:一般为确定参数,在压力拟合中可进行微小调整。

原始地层压力:此为确定参数,一般不进行修改。

油水界面:此为确定参数,只在油水界面边部单井含水拟合中进行适当调整。对局部油水同层地区可结合毛管压力资料进行局部调整。

油水井动态资料:此为确定参数,不可调。

以上是拟合中参数的调整原则,实际拟合中生产历史的复杂性及地质认识的不确定性都会给拟合带来很大的困难。拟合中在合理的调参范围内除了遵循先压力后产量,先整体后单井的拟合原则外,具体的参数调整还应注意:先整体后局部调参,保证全区及单层间的相对统一;先满足总体指标的拟合精度,再追求单井的拟合精度;单井拟合以生产时间长、产液量大的关键井为主,对频繁换层的井不强求拟合;单井含水拟合充分考虑油水井对应关系及断层封闭状况分析水来源，对地质进行再认识。

在以上原则方法的约束和指导下，确立了历史拟合的目标：全区压力、产量、含水与时间的关系，单井压力、含水与时间关系。

2）历史拟合的难点和方向

由于模拟区平面范围有局部截取的特点，因此如何反映模拟区与外部区域的能量及流体交换是一大难点。传统油藏方法采用取 1/2 的边井产量、1/4 的角井产量来整体劈产，但在实际生产中，边角井在很大程度上受周围井的影响，真实的劈产比例会不断变化，模拟试算也证实了这一点。因此在历史拟合中必须根据压力状况随时调整边部生产井产出量和注水井注入量，实现动态劈产。

最终确定的拟合方向为：先动态劈产拟合压力测试资料，然后通过调整渗透率、注入聚合物浓度等参数拟合含水。

3）历史拟合结果

（1）储量拟合。

模型建立后采用重力、毛管压力平衡初始化系统，对分层储量进行了拟合。模型计算储量为 222.8×10^4t，模拟区地质储量为 221.0×10^4t，相对误差为 0.8%。

（2）历史拟合。

油田压力是需要进行拟合的主要动态参数之一，通常我们认为全区平均压力拟合是良好压力拟合的基础，因为它直接反映了生产过程中总的物质平衡状态。

通过动态调整边部井的注入量和产出量，分别拟合 Ng3 层系的压力测试资料，压力变化整体趋势得到了较好的拟合。选取测压点多且连续，压力变化具有代表性的井作为单井压力拟合的关键井。关键井压力变化都得到了较好的拟合。计算压力反映了实际地层压力变化，拟合结果准确可靠。

（3）含水拟合。

一般可以通过调整渗透率、相渗曲线等参数来对比综合含水等指标。从全区含水与时间关系对比曲线看，曲线的形态和变化趋势都相当一致，实际端点值为 97.3%，计算端点值为 96.8%，相对误差为 0.5%，综合含水拟合达到了较高拟合精度。

在综合指标拟合达到一定精度的条件下开展单井含水拟合。单井拟合中首先判断油井来水方向，然后结合层间矛盾调整对应层位节点和附近网格节点的渗透率、相渗曲线形态。在对综合指标的拟合影响不大时拟合单井含水，部分生产时间很短或频繁换层的井不强求拟合。80%以上的井含水拟合较好，单井含水拟合也达到了较高的精度，比较准确地反映了全区含水上升的规律。

压力拟合与含水拟合是一个相互影响、相互作用的过程。压力拟合时要照顾到含水拟合，有时也可从含水拟合中得到某些启示。如果含水拟合对前面的压力拟合产生不利影响，那么就必须重新进行压力拟合后再拟合含水，直至两项指标

（4）含油饱和度对比。

数值模拟计算得到了各小层含油饱和度，对比新钻三口取心井所测值，绝对误差为-4.9%～2.2%，各层饱和度变化趋势也基本一致（表6-11）。

表6-11 数模计算与新取心井含油饱和度对比表

序号	井名	小层	取心/%	数值模拟/%	绝对误差/%	相对误差/%
1	中14-斜检11	$Ng3^3$	42	44.1	2.1	5
		$Ng3^4$	29.7	26.3	-3.4	-11.4
		$Ng3^5$	34.8	37	2.2	6.3
2	中14-检10	$Ng3^5$	39.3	34.4	-4.9	-12.5
3	中13-斜检9	$Ng3^3$	36.2	35.4	-0.8	-2.2
		$Ng3^4$	31.3	32.5	1.2	3.8
		$Ng3^5$	37.5	38.7	1.2	3.2

从历史拟合结果看，模型精确可靠，满足计算要求，可作为下一步开发效果分析和方案预测的基础。

这样，数值模拟所提供的油藏静态模型和动态模型较为真实地反映了油藏地下的实际情况，这为剩余油分布和复合驱方案优化研究奠定了良好的基础。

3. 聚合物驱后剩余油分布研究

中心井区经过水驱和聚合物驱后，采出程度达到52.3%，但仍然还有相当的剩余油留在地层中。中心井区已有四口密闭取心井，2008年9月又在同一井组的不同位置钻了三口密闭取心井，即中14-斜检11井、中13-斜检9井和中14-检10井。三口密闭取心井分别位于原反九点井网的1/4个井组内，分别位于水井排（中14-斜检11井）、油井排（中13-斜检9井）和油水井排间（中14-检10井）。三口密闭取心井总进尺为135.4m，共取岩心为121.4m，收获率为90%（表6-12），共选取了657块样品，进行了28项、5372块次的分析化验（表6-13）。通过对密闭取心井的深入研究，我们在剩余油研究上取得了进一步认识（王正波等，2010）。

表6-12 孤岛油田中一区新密闭取心井统计表

井名	取心层位	取心井段/m	进尺/m	岩心长度/m	收获率/%
中14-检10	Ng3～Ng6	1174.4～1308.1	70.5	58.9	83.5

续表

井名	取心层位	取心井段/m	进尺/m	岩心长度/m	收获率/%
中14-斜检11	Ng3	1217.0~1248.5	31.5	29.5	93.7
中13-斜检9	Ng3	1196.3~1229.7	33.4	33.0	98.9

表6-13 孤岛油田中一区新密闭取心井分析化验统计表　　单位：块

分析化验项目	样品数	分析化验项目	样品数	分析化验项目	样品数	分析化验项目	样品数
饱和度	657	润湿性	70	黏土分析	51	聚合物浓度	212
孔隙度	657	相渗透率	64	覆压孔隙度	61	碳酸盐	89
平行渗透率	653	地层条件相渗	64	覆压渗透率	48	CT	51
垂直渗透率	124	铸体薄皮	61	阳离子	78	饱和度校正	46
粒度	657	压汞	55	含油薄片	86	油气相渗	45
示踪剂	657	扫描电镜	53	薄片	92	核磁饱和度	55
不同聚合物浓度岩点分析	51	聚合物分子量测试	212	聚合物水解度测试	212	核磁聚合物分子结构	211

本次剩余油研究以油藏数值模拟结果、密闭取心井资料为主要依据，结合监测资料、生产动态资料对试验区剩余油分布规律进行深入研究。

1）平面剩余油分布

根据数模计算结果分析可知，聚合物驱有效地扩大了波及系数，含油饱和度明显降低。从试验区聚合物驱后Ng3含油饱和度和储量丰度分布看，平面上水井近井地带和主流线水淹严重，油井间、水井间、油水井排间分流线水淹较弱，剩余油富集，剩余油饱和度在35%~50%。

对比分析不同井网位置含油饱和度和剩余地质储量（表6-14）表明：平面上剩余油普遍存在，油井排的剩余油潜力最大，油水井排间次之。油井排含油饱和度在27%~44%，平均为34.8%，剩余地质储量占35.6%；油水井排间含油饱和度为20%~44%，平均为32.4%，剩余地质储量占34.1%；水井排含油饱和度为20%~49%，平均为30.1%，剩余地质储量占30.3%。由于水淹程度、范围差异，井网不同平面位置剩余地质储量略有差异，油井排的剩余油潜力较大，油水井排间次之，但普遍存在可动油。

表6-14 不同位置剩余含油饱和度和剩余地质储量统计表

位置	含油饱和度范围/%	平均含油饱和度/%	剩余地质储量比例/%
油井排	27~44	34.8	35.6

续表

位置	含油饱和度范围/%	平均含油饱和度/%	剩余地质储量比例/%
排间	20~44	32.4	34.1
水井排	20~49	30.1	30.3

新钻的三口密闭取心井证实：聚合物驱后剩余油在平面上仍然普遍分布。中一区 Ng3 的含油饱和度在 35.9%~39.3%，水淹特征以见水、水洗为主，弱水淹（Ed<40%）厚度占 33.5%，仅部分物性较好层段呈现强水洗（表 6-15）。以 $Ng3^5$ 为例，中 14-斜检 11 井（位于水井排）的平均含油饱和度为 34.8%，中 13-斜检 9 井（位于油井排）的平均含油饱和度为 35.8%，中 14-检 10 井（位于油水井排间、靠近油井排）的平均含油饱和度为 40.8%。因此，聚合物驱后剩余油在平面上普遍分布，油井排、水井排和油水井排间都有剩余油存在，其中油井排剩余油相对富集。

表 6-15 中一区 Ng3 密闭取心井水淹级别统计表

井名	见水		水洗		强水洗	
	厚度/m	百分比/%	厚度/m	百分比/%	厚度/m	百分比/%
中 14-斜检 11	7.34	32.9	7.46	33.5	7.48	33.6
中 13-斜检 9	7.08	35.8	8.32	42	4.4	22.2
中 14-检 10	3.7	30.9	6.1	51	2.16	18.1
总计	18.12	33.5	21.88	40.5	14.04	26

中 14-斜检 11 井于 2009 年 5 月 1 日采用 127 枪 127 弹射孔 $Ng3^3$ 小层顶部局部富集井段 1215~1220m，射开厚度 5.0m，18 孔/m，共射 92 孔。岩心分析该段含油饱和度为 36.6%~50.9%，平均为 44.0%，水淹级别属于见水，孔隙度为 27.3%~44.6%，平均为 40.9%，渗透率为 171×10^{-3}~$9990\times10^{-3}\mu m^2$，平均为 $5008\times10^{-3}\mu m^2$，5 月 6 日开井，日产液 30t/d，日产油 9.7t/d，含水为 67.6%，截至 2009 年 7 月 25 日，日产液 24.6t/d，日产油 3.3t/d，含水为 86.7%，累计产油 346t，累计产水 $1777m^3$。说明聚合物驱后水淹级别属于见水井段的初产还能达到 7.5t，见水级别剩余油富集段潜力较大。

中 14-检 10 井分别试采了 $Ng3^5$ 小层底部 1200~1206m 和 $Ng3^3$ 小层顶部 1182~1187m，均高含水，说明含油饱和度小于 40%，水淹级别为水洗的井段，水驱条件下没有可采价值。

对比聚合物驱前后密闭取心资料分析可知，通过聚合物驱，在主流线上可以大幅度提高油层动用状况，而分流线上油层的动用程度略有提高。中 11-检 11 井是注聚前 1991 年 7 月的取心井，位于油井间分流线，剩余油较富集区域，Ng3 平均含油饱和度为 47.4%，驱油效率为 35.7%。取心后作为聚合物先导试验中心井生产 Ng3，在聚合物驱后累产油 11.13×10^4 t 时，距中 11-检 11 井 27m 处钻中 10-检 413 井，中一区 Ng3 平均含油饱和度为 28.1%，驱油效率为 62.2%，通过聚合物驱可以大幅度提高主流线油层动用状况。而中 12-检 411 和中 13-检 10 密闭取心井分别是聚合物驱前取心和聚合物驱后取心，由于井处于靠近油井排的分流线上，经过聚合物驱后，两口井的饱和度变化不大，Ng3 平均含油饱和度分别为 39.2%和 41.1%，驱油效率分别为 45.8%和 47.3%，表明水驱波及较差的地方，聚合物驱波及也较差，剩余油富集段饱和度在 40%以上。

注聚后密闭取心井资料表明：不同流线位置剩余油均较富集，分流线饱和度略高于主流线。孤岛油田中一区聚合物驱后共钻了五口密闭取心井，其中中 10-检 413 井和中 14-检 10 井位于主流线上，中 13-检 10 井、中 14-斜检 11 井和中 13-斜检 9 井位于分流线上。主流线平均含油饱和度为 33.7%，驱油效率高达 56.0%，而分流线平均含油饱和度为 37.7%，驱油效率为 50.4%。分流线区域剩余油相对富集，分流线的含油饱和度比主流线含油饱和度的高 4.0%，驱油效率低 5.6%。

生产动态资料证实：注聚后油水井井间剩余油富集。通过对注采井网不同位置剩余油分布特征研究，发现井网不同位置水淹特征差异明显。主要表现在：油、水井排间剩余油比其他位置富集，油井分流线次之，油井对子井（井距 50m 以内）含油饱和度居第三，水井对子井（井距 50m 以内）附近含油饱和度最低（表 6-16）。

表 6-16 注聚后不同位置水淹及剩余油情况统计表

新井位置	砂层厚度/m	水淹厚度/m	水淹厚度百分比/%	含油饱和度/%
井排间井	149.5	101	67.56	47.0
油井排分流线	78	57	73.08	44.6
油井对子井（50m 以内）	81	64.5	79.63	42.2
水井排分流线	120	103	85.83	38.5
水井对子井（50m 以内）	40	40	100	31.0

中一区 Ng3 东部中 15-015 井、15-215 井、15-013 井三口井均是 1995 年完钻的井，15-015 井位于油井排，15-013 井位于水井排，15-215 井位于油水井排间。三口井的连线正好反映同一时期一个从油井到水井的水淹剖面。在油井排上，油层水淹比较严重；水井排上油层水淹厚度最大；油水井排间水淹较弱。

中一区 Ng3 为正韵律沉积油藏，厚油层的渗透率从上到下逐渐增大，渗透率级差为 10~20。在注聚开发时，油水井之间各点压力梯度有明显差异，油水井附近由于压力梯度高,近井地带油层水淹严重;而在油水井中间压力梯度较低,驱油效果较差,加上油层正韵律的特性,往往仅在油层底部的高渗透带形成一指进水淹带,这就形成一个在注水井与生产井之间的箕状剩余油富集区。同时油井分流线位置压力梯度也相对较低,水淹相对较弱。

从统计的 2005 年以后的补孔井效果来看,在油井之间,距油井大于 50m 的补孔井效果最好,这些井投产初期含水低于油井排对比井,目前含水仍低于或接近对比井,累积产油高于对比井(表 6-17)。其次是井排间的井,效果相对较差的是距老油井在 50m 之内的井。注聚后井间剩余油得到一定程度的动用,井间剩余油饱和度较注聚前降低 10%,但井间油层上部仍是剩余油较富集区。

表 6-17 2005 年以后井排间新井(补孔)与油井排井生产情况对比表

补孔井位置	井数口	初期				目前				累油 /10⁴t	累水 /10⁴m³	备注
		动液面/m	含水/%	日液/(m³/d)	日油/(t/d)	动液面/m	含水/%	日液/(m³/d)	日油/(t/d)			
距老油井大于 50m	10	294	87.2	79.3	10.1	318	96.3	75.4	2.8	21345	510309	油井间
井排间井	7	393	92.9	91.6	6.5	250	96.9	60.3	1.9	10016	249292	排间
距老油井小于 50m	2	151	98.6	114.0	2.0	177	98.5	94.0	1.0	587	40754	油井间

数值模拟、取心井资料和油藏工程分析都表明:中一区 Ng3 经过聚合物驱以后,剩余油在平面上普遍分布,油井排、水井排和油水井排间都有剩余油存在,其中油井排剩余油相对富集。而且,分流线区域比主流线区域剩余油更富集,含油饱和度高 4.0%、驱油效率低 5.6%。

2)层间剩余油分布

数模研究表明:中一区 Ng3 的三个主要含油小层储层物性相近,渗透率级差为 1.1,层间非均质性较弱,原油性质相近,所以各层采出状况差异不大(表 3-32),说明整个单元驱替较均匀并获得了较高的采收率。从剩余含油饱和度来看,聚合物驱后地下仍有较多的剩余油,由于三个小层储层物性和原始含油饱和度的差异,目前层间有差异,主力小层含油饱和度为 34.2%~42.4%,比非主力小层高 5%~12%。从各层剩余储量来看,主力层 Ng3³ 小层和 Ng3⁵ 小层占了近 80%,依旧是开发的重点。

三口密闭取心井资料表明:各小层间非均质性弱,层间差异小,各层的动用程度相对均匀,都有剩余油存在,Ng3³ 小层和 Ng3⁵ 小层内的剩余油相对富集。中 14-斜检 11 井的 Ng3³ 小层和 Ng3⁵ 小层的厚度分别为 8.4m、9.1m,平均孔隙度分别为 40.7%、38.2%,平均渗透率分别为 $3767\times10^{-3}\mu m^2$、$2807\times10^{-3}\mu m^2$,它们都属于高孔高渗的储层，构成了 Ng3 的主体。由于 $Ng3^3$ 小层和 $Ng3^5$ 小层的物性相似、厚度相当，它们的剩余油分布、油层的动用程度也比较接近。其中 $Ng3^3$ 小层的剩余油饱和度为 42.0%，驱油效率为 39.2%；$Ng3^5$ 小层的剩余油饱和度为 34.8%，驱油效率为 49.2%。中一区的 Ng3 作为一套开发层系，位于上部的 $Ng3^3$ 小层的剩余油相对富集。$Ng3^3$ 小层比 $Ng3^5$ 小层，剩余油饱和度高 7.2%，驱油效率低 10.0%。中 13-斜检 9 井和中 14-检 10 井都有与中 14-斜检 11 井相似的层间剩余油分布情况。所以，试验区剩余油主要集中在主力小层 $Ng3^3$ 和 $Ng3^5$ 内，其中 $Ng3^3$ 小层的剩余油相对富集。

主力油层孔隙度和渗透性均较好，油层厚，渗流能力强，井网完善程度高，驱油效果好，剩余油饱和度相对较低，水淹程度高，但主力层剩余可采储量高于非主力层，剩余油储量丰度较高，可采储量绝对数量大，仍是剩余油分布的主体。中一区 Ng3 层系的 $Ng3^3$ 小层、$Ng3^5$ 小层为两个主力油层，$Ng3^5$ 小层大片连通，三向以上注采对应率达到 90%，$Ng3^3$ 小层发育相对较差，一些区域呈条带状分布，连通状况不如 $Ng3^5$ 小层，三向以上注采对应率为 70%。对 1999 年后中一区新钻井测井解释感应电导率进行分析对比，结果表明主力层 $Ng3^3$ 小层强水淹厚度占 35%，而油层连通性好的 $Ng3^5$ 小层，目前水淹最严重，水淹厚度占 65%（表 6-18）。

表 6-18 注聚后不同小层水淹情况统计表

小层	钻遇井层/个	平均厚度/m	水淹厚度百分数/%		
			弱水淹	中水淹	强水淹
			感应电导率≤80ms/m	80ms/m＜感应电导率≤130 ms/m	感应电导率＞130 ms/m
$Ng3^3$	48	7.4	15	50	35
$Ng3^5$	51	9.1	6	29	65

数值模拟、取心井资料和油藏工程分析都表明：中一区 Ng3 聚合物驱后各小层都有剩余油存在，主要集中在主力小层 $Ng3^3$ 和 $Ng3^5$ 内，而位于顶部的 $Ng3^3$ 小层剩余油更富集。

3）层内剩余油分布

数值模拟结果证实：正韵律厚油层顶部剩余油富集。聚合物驱对正韵律沉积油层驱替效果好，层内剩余油的动用比水驱更充分，油层上、下部位的驱油效率都有明显提高，但层内的差异依然存在。正韵律油层中上部驱油效率较低，剩余油饱和度较高，底部驱替效果好。

二口密闭取心井资料同样表明：正韵律底部水洗较强，剩余油富集区主要位于正韵律的顶部，顶部 20%~40%的厚度水洗较弱。曲流河正韵律上部，多发育含泥质条带储层，一般厚度在1～3m，驱油效率低，剩余油富集，潜力较大。

取心井资料反映复合正韵律分段水洗明显，各韵律段中下部水洗较强。相对弱水洗厚度占30%以上。孤岛中13-XJ9井馆3^3为复合正韵律，分为两个韵律段，均表现为上部水淹较弱，剩余油富集，见水厚度比例占34.3%（表6-19）。

表6-19 中13-XJ9井馆Ng2^{3}复合正韵律水淹状况表

层位	厚度/m	渗透率/$10^{-3}m^2$	油饱和度/%	驱油效率/%	水淹级别	厚度比例/%
上段	0.7	318	42.2	38.8	见水	10.4
下段	1.4	961	35.6	48.4	水洗	20.9
上段	1.6	590	42.8	37.9	见水	23.9
中段	1.5	1700	37.7	45.4	水洗	22.4
下段	1.5	3163	32.7	52.6	强水洗	22.4

而且，夹层能够控制层内剩余油富集，控制作用随面积减小而减弱。孤岛中一区14-XJ11井馆3^3下部发育厚度为43cm，延伸距离为220×120m的泥质夹层，夹层上部2.3m的渗透率为$2935×10^{-3}\mu m^2$，为水洗级别，含油饱和度为33.5%，夹层下部1.05m渗透率为$5934×10^{-3}\mu m^2$，为见水级别，含油饱和度为47.2%，上下的驱油效率相差达20%，夹层起明显的控油作用。

夹层延伸距离小于一个井距，控制作用不明显。孤岛中一区中14-XJ11井馆Ng3^{3}上部发育厚度为9cm，延伸不超过一个井距的泥质夹层。夹层上部1.1m处渗透率为$6630×10^{-3}\mu m^2$，含油饱和度为43.7%，驱油效率为36.6%，下部1.4m处渗透率为$2877×10^{-3}\mu m^2$，含油饱和度为47.8%，驱油效率在34.9%。夹层上、下部位水淹状况接近，均为见水级别，夹层没起到明显的控制作用。

在试验区Ng3内，物性夹层对层内剩余油的分布影响较小。中13-XJ9井馆Ng3^{3}发育厚度为15cm的物性夹层，$K_{夹层}/K_{储层}$为0.34，夹层之上渗透率为$2512×10^{-3}m^2$，驱油效率为46.8%，而下部渗透率为$3621×10^{-3}m^2$，驱油效率为50.9%，夹层上、下段水淹情况较为接近，基本不控制剩余油的形成与分布。

在试验区Ng3内，灰质夹层的延伸范围比较小，对剩余油控制作用较弱。中14-J10井Ng3^{5}小层发育厚度为45cm，延伸距离为70×150m的灰质夹层，延伸小于一个井距，控油作用不明显。夹层上部渗透率为$2561×10^{-3}m^2$，剩余油饱和度为40.5%，驱油效率为41.3%；夹层下部渗透率为$1050×10^{-3}m^2$，剩余油饱和度为38.9%，驱油效率为43.6%。

从注聚前35口和注聚后42口新井测井资料结果分析也可以看出（表6-20），注聚前油层下段水淹最严重，中上部水淹较轻；注聚后，层内上、中、下各段水淹程度加大，但仍呈现出与水驱相似的特点，油层下段水底最严重，中、上部水淹较轻，正韵律厚油层顶部剩余油富集。

表 6-20 注聚前后厚油层水淹情况统计表

时间	油层上段		油层中段		油层下段		统计井数/口
	厚度/m	感应电导率/(mS/m)	厚度/m	感应电导率/(mS/m)	厚度/m	感应电导率/(mS/m)	
注聚前	3.2	40	4.4	80	3.4	150	35
注聚后	3.3	70	4	146	3.5	200	42

数值模拟结果、取心井资料和矿场实践都证实：中一区 Ng3 聚合物驱后仍有大量的剩余油赋存于地下，剩余油是"普遍分布、局部富集"。目前的剩余油饱和度普遍在 30%以上，分布于油井间、水井间及油水井排间的分流线区域，主要集中在 $Ng3^3$ 小层和 $Ng3^5$ 小层的内部。但是，目前井网难于开采这部分剩余油，需要依靠改变液流方向和复合驱进一步扩大波及体积来动用这部分剩余油。

三、井网层系调整研究

（一）井网层系调整原则

聚合物驱后油藏剩余油分布特点，作为井网调整时考虑主要因素，调整原则如下。

1. 保持注采井网完善

针对平面剩余油普遍分布的特点，为挖潜平面剩余油潜力，进行井网整体调整，要求保持注采井网完善性。

2. 转变液流方向

由于非均相复合驱油体系在转变液流方向方面的限制，需要利用井网调整转变液流方向，针对剩余油局部富集的特点，目前井网对局部富集剩余油控制较差，为挖掘平面剩余油潜力，要求重新调整井网以能够转变液流方向。

3. 层系细分可行性

针对层间驱替的不均衡和层间剩余油主要富集于主力小层的特点，进行层系细分的可行性研究。

4. 水平井可行性

水平井挖潜油层顶部和夹层附近剩余油有较大优势，但对多层油藏适用性较差，在分层的基础上可以考虑水平井的可行性。

（二）井网层系调整设计

试验区井网经过两次调整，采用 300m×270m 交错行列式注采井网（图 6-2），井排方向近东西向，流线是南北向，该井网形式在 1992 年开始进行聚合物驱时形成，经过聚合物驱和后续水驱，基本维持不变，流线形成固有通道，不利于进一步提高波及体积。为进一步提高油藏采收率，我们需对井网层系进行调整。

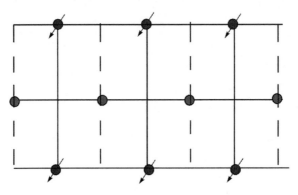

图 6-2　试验区井网示意图

根据井网层系调整原则设计了二种调整方式。

调整方式一：转变注水流线方向井网调整。

变原井网分流线为主流线，扩大注水波及体积，根据层系组合划分和水平井的利用，又分为三种调整方式：①保持一套层系，设计五个调整方案；②细分二套层系，设计二个调整方案；③水平井调整，设计一个调整方案。

第一种保持 Ng3 一套层系，不细分。

方案 1：考虑聚合物驱后井间有剩余油富集区，在水井间加密油井，在油井间加密水井，挖潜和驱替这部分剩余油，由于油水井排间有剩余油富集区，在油水井排间正对位置加密一排新井，隔井转注，形成 135m×150m 正对行列井网（图 6-3）。中心调整井区需要加密油井 16 口，加密水井 14 口。调整后井区有油井 20 口，注入井 25 口，平均单井控制剩余地质储量为 $5.4×10^4$t。该种井网调整方式变现在东西向井排为南北向井排，改变了液流方向，变分流线为主流线，使目前井网条件下的剩余油富集部位得到有效驱替。

方案 2：为减少投资，在方案 1 的基础上抽稀油水井排间水井，形成 135m×150m 正对行列井网。方案加密油井 16 口，加密水井 4 口。调整后中心井区有油井 20 口，注入井 15 口，平均单井控制剩余地质储量为 $5.4×10^4$t。该方案的优点是转变了流线方向，减少水井投资。缺点是减少水井后，注水波及不均匀。

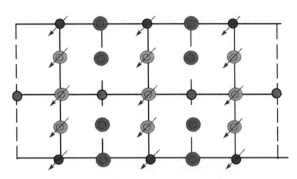

图 6-3 变流线调整方案 1 井网部署示意图

方案 3：考虑聚合物驱后井间有剩余油富集区，在水井间加密油井，在油井间加密水井，老油井转注，由于油水井排间有剩余油富集区，在油水井排间交错位置加密一排新井，隔井转注，形成 150m×150m 行列井网。方案加密油井 19 口，加密水井 9 口。调整后中心井区有油井 20 口，注入井 23 口，平均单井控制剩余地质储量为 5.4×10^4t。该种井网调整方式变现在东西向井排为近南北向井排，改变了液流方向，变分流线为主流线，使井网条件下的剩余油富集部位得到有效驱替。方案缺点是油井井排间新部署油井处于原主流线位置，新井网部分注水流线未改变。

方案 4：为减少投资，在方案 3 的基础上抽稀油水井排间水井，形成 150m×150m 行列井网。方案加密油井 19 口。调整后中心井区有油井 20 口，注入井 14 口，平均单井控制剩余地质储量为 5.4×10^4t。该方案的优点是转变了流线方向，减少水井投资。缺点是减少水井后，注水波及不均匀。

方案 5：为了改善井网的波及状况，部署了五点法井网，在老水井南北连线上均匀加密 2 口水井，在水井间交错位置加密油井，形成 150m×180m 五点法井网。方案加密油井 8 口，加密水井 10 口。调整后中心井区有油井 12 口，注入井 20 口，平均单井控制剩余地质储量为 9.0×10^4t。该种井网波及程度高，油井受效方向多，水线突破慢，含水上升慢。该方案的缺点是油井间和水井间分流线的剩余油仍处于新井网分流线位置，得不到有效动用。

方案 6：为动用水井间和油井间剩余油，利用 Ng3 与 Ng4 井网关系，采用 2 套层系油水井互换，Ng4 油水井处于 Ng3 井网的分流线，上返生产 Ng3，Ng3 油水井下返生产 Ng4，在水井南北连线上均匀加密 2 口水井，在水井间交错位置加密油井，形成 150m×180m 五点法井网。方案加密油井 9 口，加密水井 9 口。调整后中心井区有油井 12 口，注入井 20 口，平均单井控制剩余地质储量为 9.0×10^4t。该种井网调整方式通过与 Ng4 油水井的互换，动用了原井网油井间和水井间分流线的剩余油，并且五点法井网比正对井网波及程度高，水线突破慢，含水上升慢。

该方案的缺点是油水井互换中，井况复杂的井不能满足要求，且新加密油井处于原井网水井附近，油层水淹严重。

第二种为避免小层间干扰，纵向细分二套层系。由于 $Ng3^4$ 小层目前含油饱和度较低，地质储量仅占 17.2%，不能形成单独注采井网，考虑 $Ng3^3$ 小层地质储量略低于 $Ng3^5$ 小层，把 $Ng3^3 \sim Ng3^4$ 划分为一套，$Ng3^5$ 划分为一套。

方案 7：在方案 1 的基础上通过邻井错层生产，形成分层系 270m×150m 交错行列注采井网。方案加密油井 16 口，加密水井 14 口。调整后中心井区有油井 20 口，注入井 25 口，平均单井控制剩余地质储量为 5.4×10^4t。该方案的优点是避免层间干扰。方案的缺点是分层系流线变化小，上层系水井间、下层系油井间剩余油仍然动用差。

方案 8：在方案 3 的基础上通过邻井错层生产，形成分层系 300m×150m 交错行列注采井网。方案加密油井 16 口，加密水井 14 口。调整后中心井区有油井 20 口，注入井 25 口，平均单井控制剩余地质储量为 5.4×10^4t。该方案的优点是避免了层间干扰。方案缺点是分层系流线变化小，上层系水井间、下层系油井间剩余油仍然动用差。

方案 2 和方案 4 由于水井不均匀，暂不考虑实现分采分注。

第三种针对油层顶部剩余油富集特点，采用水平井调整，把夹层较发育部位直井换成水平井开采。

方案 9：在分采方案效果较好的方案 5 的基础上，在小层间隔夹层较发育的区域，把直井换成水平井，形成 270m×150m 交错行列注采井网。方案加密油井 16 口（其中水平井 7 口），加密水井 14 口。调整后中心井区有油井 20 口，其中水平井 7 口，注入井 25 口，平均单井控制剩余地质储量为 5.4×10^4t。该方案的优点是利用水平井有效动用了油层顶部剩余油，扩大波及体积。方案缺点是水平井段一旦出现水淹段难于封堵，经济投入增大。

为对比变流线井网开发效果，设计保持流线方向调整方式。

调整方式二：保持原流线方向调整。

根据层系组合划分和水平井的利用，又分为三种调整方式：①保持一套层系，设计四个调整方案；②细分二套层系，设计二个调整方案；③水平井调整，设计一个调整方案。

第一种保持 Ng3 一套层系，不细分。

方案 10：考虑聚合物驱后井间有剩余油富集区，在水井间加密水井，在油井间加密水井，老油井转注，油水井排间有剩余油富集区，所以在油水井排间交错位置加密一排新油井，形成 150m×150m 交错行列井网（图 6-4）。方案加密油井 18 口，加密水井 14 口。调整后中心井区有油井 18 口，注入井 30 口，平均单井控制剩余地质储量为 6.0×10^4t。方案优点是改善了注水的波及状况，使目前井网条件下的剩余油得到有效驱替。方案的缺点是流线方向未变。

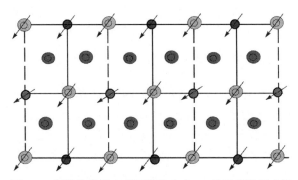

图 6-4　保持流线方向井网调整方案 10 井网部署示意图

方案 11：为减少投资，在方案 8 的基础上抽稀水井排新水井，形成 150m×150m 交错行列井网。方案加密油井 18 口，加密水井 4 口。调整后中心井区有油井 18 口，注入井 20 口，平均单井控制剩余地质储量为 $6.0×10^4$t。方案优点是改善了注水的波及状况，减少水井投资。缺点是减少水井后，井网波及范围减小，水井间剩余油不能得到有效动用。

方案 12：考虑聚合物驱后井间有剩余油富集区，在水井间加密水井，在油井间加密水井，老油井转注，油水井排间有剩余油富集区，所以在油水井排间正对位置加密一排新油井，形成 150m×135m 交错行列井网。方案加密油井 18 口，加密水井 14 口。调整后中心井区有油井 18 口，注入井 30 口，平均单井控制剩余地质储量为 $6.0×10^4$t。方案优点是改善了注水波及状况。方案缺点正对井网油水井距小，波及范围小。

第二种为避免小层间干扰，纵向细分二套层系，$Ng3^3$~$Ng3^4$ 一套，$Ng3^5$ 一套。

方案 13：在 $Ng3^3$~$Ng3^4$ 层形成 150m×150m 交错行列井网后，错开半个井距在 $Ng3^5$ 层形成同样井网形式。方案加密油井 34 口，加密水井 36 口。调整后中心井区有油井 34 口，注入井 57 口，平均单井控制剩余地质储量为 $3.2×10^4$t。方案优点是改善了注水波及状况，同时避免了层间干扰。方案缺点是钻井投入大，单井控制储量小。

方案 14：在方案 10 的基础上通过邻井错层生产，形成分层系 300m×150m 交错行列注采井网。方案加密油井 18 口，加密水井 14 口。调整后中心井区有油井 18 口，注入井 30 口，平均单井控制剩余地质储量为 $6.0×10^4$t。方案优点是避免层间干扰。方案缺点是上层系水井间、下层系油井间剩余油动用程度差。

方案 15 和方案 16：在分采分注方案 12 的基础上，夹层较发育井区把直井换成水平井，形成 300m×150m 交错行列注采井网。方案加密油井 18 口（其中水平井 7 口），加密水井 14 口。调整后中心井区有油井 18 口，其中水平井 7 口，注入井 30 口，平均单井控制剩余地质储量为 6.0×10^4t。水平井优化了两种方位，平行油井排和垂直油井排。方案优点是利用水平井有效动用了油层顶部剩余油，扩大波及体积。方案缺点是水平井段一旦出现水淹难于封堵，投入增大。

（三）井网层系调整开发效果预测及分析

井网调整方案部署好后，利用数值模拟进行计算，预测方案 15 年开发效果。计算过程中油井采用定液求产，根据目前单井日产液能力为 $100m^3/d$，新油井液量取 $100m^3/d$，水井根据注采平衡，平均单井日注水在 $100m^3/d$ 左右。

通过对比两种调整方式 16 个方案 15 年开发指标（表 6-21），变流线调整方式 9 个方案最终采收率为 57.3%～58.8%，比基础方案提高 2.2%～3.7% 的采收率，平均为 3%。保持流线方向调整方式 7 个方案最终采收率为 55.9%～58.8%，比基础方案提高 0.8%～3.7% 的采收率，平均为 2.3%，保持流线方向调整方案 11 也能达到 58.8% 的采收率，但该方案钻新井数是变流线调整方案 1 的一倍，所以变流线方向调整方式比保持流线方向调整方式更有优势，故推荐变流线调整方式。

表 6-21 中心井区不同调整方案指标汇总表

调整方式	层系划分	方案	总井数/口			新钻井/口			采收率/%	
			油井	水井	合计	油井	水井	合计	水驱	提高
基础方案	一套	基础方案	12	10	22				55.1	
变流线方向调整	一套层系	方案 1	20	25	45	16	14	30	58.8	3.7
		方案 2	20	15	35	16	4	20	57.6	2.5
		方案 3	20	23	43	19	9	28	58.5	3.4
		方案 4	20	14	34	19	0	19	57.4	2.3
		方案 5	12	20	32	8	10	18	57.8	2.7
		方案 6	12	20	32	9	9	18	57.3	2.2
	二套层系	方案 7	20	25	45	16	14	30	58.4	3.3
		方案 8	20	23	43	19	9	28	57.7	2.6
	水平井	方案 9	20	25	45	16	14	30	58.6	3.5
保持流线方向调整	一套层系	方案 10	18	30	48	18	14	32	57.1	2.0
		方案 11	18	20	38	18	4	22	55.9	0.8
		方案 12	18	30	48	18	14	32	56.8	1.7
	二套层系	方案 13	34	57	91	34	36	70	58.8	3.7
		方案 14	18	30	48	18	14	32	57.5	2.4
	水平井	方案 15	18	30	48	18	14	32	57.5	2.4
		方案 16	18	30	48	18	14	32	57.6	2.5

综合对比变流线调整方式,一套层系方案1生产效果较好,由于分层系调整虽然避免了层间干扰,但由于受分层系流线变化小和上层系水井间、下层系油井间剩余油动用不好的影响,开发效果不如一套层系方案1,采收率较之低0.4%~1.1%。水平井对于单层开采有优势,分层系井网有利于发挥水平井优势,比直井调整采收率高0.2%,但同样受分层系流线变化小和密井网条件不利发挥水平井优势的限制,开发效果不如一套层系方案1,采收率低0.2%,且投入比方案1大。因此,井网调整方式推荐一套层系方案1。

(四)推荐井网调整方式

在试验区优选水井排间中心井区进行井网调整,中心调整井区含油面积为$0.6km^2$,地质储量为$221×10^4t$。通过在水井间加密油井,老油井间加密水井,油水井排间正对位置加密一排新井,隔井转注,形成135m×150m正对行列注采井网(图6-5)。方案部署新油井16口,新水井14口,调整后中心井区有油井20口,注入井25口,平均单井控制剩余地质储量$5.4×10^4t$。数模计算这种井网调整方式最终采收率达到58.8%,比基础方案的采收率高3.7%,方案新钻井平均单井累积产油6840t。

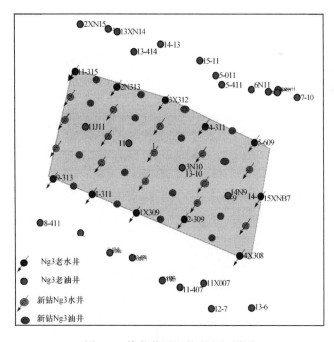

图6-5 推荐井网调整方案部署图

四、非均相复合驱方案优化研究

(一) 注入参数优化研究

采用数值模拟技术对试验区的注入参数进行了优化设计,参数优化包括注入剂的注入浓度、注入段塞、注入速度等方面,在优化过程中,主要应用经济指标——财务净现值,技术指标——提高采收率幅度、吨聚增油及综合指标——提高采收率×吨聚增油对数模结果进行筛选。

1. 主段塞注入大小优化

设计主段塞大小为 0.2~0.6PV 五个方案,研究主段塞大小对驱油效果的影响。从计算结果可以看出(图6-6),随着注入段塞大小增加,提高采收率值逐渐增加,但段塞用量增加,化学剂用量相应增加,投资增大,当量吨聚增油降低,注入主段塞 0.3PV 时财务净现值和综合指标值最大,继续增加段塞大小,财务净现值和综合指标下降,最佳的主段塞大小为 0.3PV。

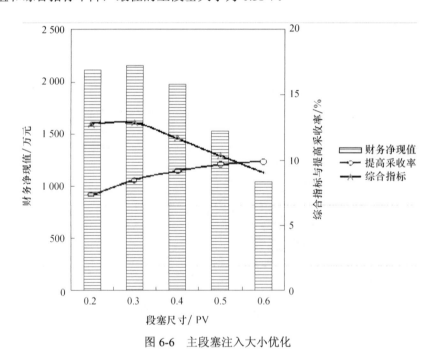

图 6-6 主段塞注入大小优化

2. 表面活性剂浓度优化

固定段塞大小,设计表面活性剂浓度为 0.2%~0.6% 的五个方案,数模计算结果表明(图6-7),随着表面活性剂浓度增加,提高采收率值增加,但表面活性剂浓度大于 0.4%后，提高采收率值变化很小，继续增加表面活性剂浓度，化学剂用量相应增加，当量吨聚增油下降，表面活性剂浓度为 0.4%时财务净现值和综合指标值最大，故推荐表面活性剂用量为 0.4%。

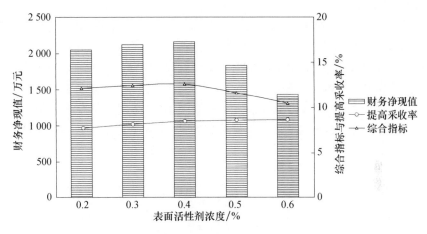

图 6-7　表面活性剂浓度优化

3. 聚合物+B-PPG 浓度优化

固定主段塞大小为 0.3PV，固定表面活性剂浓度为 0.4%，计算聚合物+B-PPG 注入浓度为 1400~2200mg/L 的五个方案。从计算结果可以看出（图 6-8），随着聚合物+B-PPG 注入浓度增加，提高采收率值增加，财务净现值和综合指标增加，当聚合物+B-PPG 浓度超过 1800mg/L 后，提高采收率值增加幅度明显减小，财

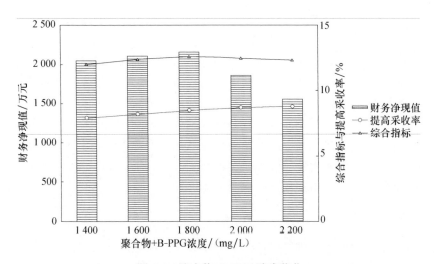

图 6-8　聚合物+B-PPG 浓度优化

务净现值明显下降，故优化的最佳聚合物+B-PPG注入浓度为1800mg/L。

4. 注入速度优化

1）复合体系注入与采出能力分析

根据中一区Ng3北部二元驱前置段塞注入与采出状况分析，注入复合体系后，注入井的视吸水指数下降25%，采液指数下降20%。

目前试验区水井平均视吸水指数为24.5m³/d·MPa，预测复合驱后视吸水指数下降25%后为18.4m³/d·MPa。

目前试验区油井采液指数为27m³/d·MPa·m，预测复合驱后采液指数下降20%，为22m³/d·MPa，计算油井复合驱时不同地层压力下不同泵挂深度单井最大日产液量变化曲线（图6-9）。

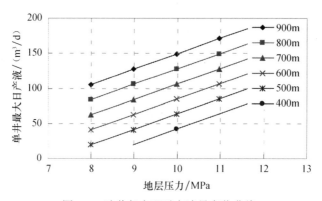

图6-9 油井复合驱时产液量变化曲线

计算表明，复合驱时地层压力仍然保持在11.0MPa，平均泵挂600m时，单井最大日产液107m³/d，综合取值为100m³/d。

中心井区注采井数比为1∶1时，为保持注采平衡，单井日注水量为100m³/d能够达到要求，根据注入能力计算，油压为6.0MPa时单井即可满足要求。

2）注入速度优化

根据注入段塞、化学剂注入浓度的筛选结果，分别对0.08~0.13PV/a六个注入速度进行优选。结果表明，注入速度对提高采收率幅度影响不大，随着注入速度升高，提高采收率幅度略有升高，基本保持不变（图6-10），考虑到现场的实际注入能力并借鉴聚合物驱和其他区块复合驱的经验，推荐注入速度为0.12PV/a。

（二）推荐方案

根据以上优化结果，推荐矿场注入方案采用两段塞注入方式。

前置调剖段塞：0.05PV×(1500mg/L B-PPG＋1500mg/L 聚合物)。

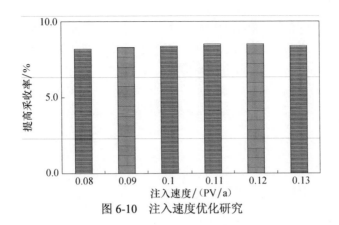

图 6-10 注入速度优化研究

非均相复合驱主体段塞：0.3PV×(0.3%石油磺酸盐+0.1%表活剂 P1709+900mg/L 聚合物+900mg/LPPG)。

注入速度：0.12PV/a。

根据数值模拟预测，含水最低可降到 89.8%，中心试验区增产原油 18.78×104t，变流线井网调整后转非均相复合驱预测采收率达到 63.6%，提高采收率为 8.5%。

五、钻采工艺设计

（一）采油工艺对钻井的要求

1. 完井方式

根据油藏的性质和地层特点，选择套管射孔完井方式。

2. 井身轨迹类型

为保证举升系统顺利起下及防止抽油杆偏磨拉断，整体造斜段的造斜率小于 18°/100m，局部造斜率控制在小于 0.21°/m 的范围；为提高抽油泵的泵效，要求稳斜段井斜角小于 45°。

3. 射孔液要求

射孔液若与地层配伍性较差，极易引起原油乳化、黏土膨胀，渗透率下降。因此射孔液采用优质无固相入井液，并适当添加防膨剂。

（二）油层保护措施

1. 完井过程中油层保护措施

按照油层保护要求，应用平衡压力固井工艺技术。采用 G 级水泥，该水泥中加入降失水剂、分散剂、消泡剂、膨胀剂等。固井采用大泵紊流顶替泥浆，排量不低于钻进排量，保证紊流接触时间达到 7min。油水井水泥返高上返至地面，双界面结合紧密无窜槽，确保固井质量合格。

优化设计射孔参数。电缆输送负压射孔工艺。射孔液基液采用本地区过滤污水，悬浮固体含量≤5mg/L，悬浮固体颗粒直径≤5μm。

2. 采油过程中油层保护措施

确保在合理生产压差下开采，优选生产参数保持地层压力。入井液需加入 2%的防膨剂，进行防膨处理，以保护地层。

3. 注水过程中油层保护措施

注入水采用处理后的区块污水，水质指标符合《中华人民共和国石油天然气行业标准》（SY/T5329-94）中的相关要求，水质符合 C3 级标准。注水前采取防膨预处理。注水量严格按油藏的配注要求。

4. 油层改造过程中油层保护措施

在油层改造过程中入井液与地层流体和岩石具有较好的配伍性。

（三）钻井方案

1. 井身结构设计

根据该区块地层特点、地层压力情况及目前钻井工艺技术状况、参考已钻井实钻井身结构，考虑井涌压井条件，中一区 Ng3 的压力数据，按照自下而上的井身结构设计方法，同时考虑井区的特点，确定区块井身结构设计方案。

油水井均采用二级井身结构：油井 ϕ339.7mm 表层套管下深 200m，下入 ϕ177.8mm 油层套管；水井 ϕ273.1mm 表层套管下深 200m，下入 ϕ139.7mm 油层套管。

2. 套管选型

根据该区块的钻井开发方案，所选套管除满足强度要求外，还考虑套管对油井寿命的影响，其套管柱设计如下。

油井：一开 ϕ339.7mm 表层套管选用 J55×9.65mm 套管；二开 ϕ177.8mm 油层套管选用 N80×9.17mm 和 N80×10.36mm 套管。

水井：一开 ϕ273.1mm 表层套管选用 J55×8.89mm 套管；二开 ϕ139.7mm 油层套管选用 N80×7.72mm 和 N80×9.17mm 套管。

（四）采油工艺方案

1. 斜井完井工艺设计

1）完井方式选择

目前国内外最常见的完井方式有套管射孔完井、割缝衬管完井、裸眼完井等。

割缝衬管完井可增加原油向井筒的流通面积，减少油流阻力，提高油井产能；而裸眼完井更是将流通面积提高到极限。但是，对于砂岩油藏来说，由于油藏胶结疏松，出砂严重，限制了这两种完井方式的应用。

完井方式还有悬挂防砂管完井及尾管完井，对于悬挂防砂管完井，悬挂位置井径小，这种井身结构不适合进行压裂、防砂及后期改造等的实施；对于尾管完井，油层部位没有进行水泥固井，各种增产措施会造成油层坍塌，把原来的防砂管柱埋掉。

套管射孔完井不仅有助于防砂，还可选择性地射开油层，避开夹层、水层，避免层间干扰。另外由于目前实现了大孔径、高孔密射孔，可以大幅度地提高油井产能，弥补了套管射孔完井产能低的不足。

中一区 Ng3 油藏胶结疏松，非均质性强，岩性以粉细砂岩及细砂岩为主，出砂严重，需要采取防砂措施，因此中一区 Ng3 单元斜井应选择套管射孔完井，这样可以减少作业次数，保证油井长时间正常生产。

2）生产套管设计

（1）生产套管尺寸的确定。生产套管尺寸的选定要考虑油井的类型、采油方式、作业、增产措施等因素的影响，从生产优化、满足作业和方便措施三个方面综合考虑并确定，根据油藏配产，油井单井日液在 100t/d 左右，选择外径 ϕ88.9mm 的油管方可满足生产要求，根据匹配原则，并考虑到该区块需要防砂等因素，油井选择 ϕ177.8mm 的生产套管，水井选择 ϕ139.7mm 的生产套管。

（2）套管管材选择。生产套管材料在满足强度要求的条件下，还必须考虑原油、地层水、天然气性质的要求，防止其发生腐蚀。根据中一区 Ng3 单元油藏原油性质及地层水特点（地层水水型为 $NaHCO_3$ 型，原始地层水矿化度为 3 850mg/L，$Ca^{2+}+Mg^{2+}$ 含量为 26mg/L），因而该区块生产套管材料的选择以满足地层压力要求为主，同时考虑到中一区 Ng3 属于常规开采方式，所以采用 N80 套管作为油层套管。

（3）套管程序。

中一区 Ng3 方案新钻井全部为斜井，所以全部采用套管射孔完井方式。

中一区 Ng3 油藏胶结疏松，地层出砂严重，地层易亏空，对于油层部位套管管材强度应特别设计，理论研究和注采实践证明，管壁较薄时套管更容易损坏，对于出砂严重井，在油层部位以及油层部位以上 100m 左右的套管损坏最为严重，因此在ϕ177.8mm套管完井方式中推荐采用组合管柱，以油层顶界以上100m为界，其上设计套管壁厚9.19mm，其下选用壁厚10.36mm的加厚套管，水泥返高至地面，以满足生产和保护套管的要求。

首先，斜井套管射孔完井工艺（油井）。

套管程序为：ϕ339.7mm (133/8in, 1in=25.4mm)表层套管+ϕ177.8mm（7in）生产套管，要求表层套管、生产套管水泥均返高至地面，以满足生产和保护套管的要求。

表层套管：ϕ339.7mm (133/8in)、壁厚9.65mm，套管管材J55，下深200m，水泥返高至地面；

生产套管：ϕ177.8mm（7in）、壁厚9.19mm（油层部位以上100m至井底选用壁厚10.36mm加厚套管），套管管材N80，水泥返高至地面。

其次，斜井套管射孔完井工艺（水井）。

套管程序为：ϕ273.1mm (103/4in)表层套管+ϕ139.7mm(51/2in)生产套管，要求表层套管、生产套管、水泥均返高至地面，以满足生产和保护套管的要求。

表层套管：ϕ273.1mm (103/4in)、壁厚8.89mm，套管管材J55，下深200m，水泥返高至地面；

生产套管：ϕ139.7mm(51/2in)、壁厚7.72mm（油层部位以上100m至井底选用壁厚9.17mm加厚套管），套管管材N80，水泥返高至地面。

3）射孔工艺设计

射孔后为了保证能够在产层和井底之间产生一条清洁的通道，使射孔对产层的伤害最小，油气井的产能最大，需要针对该油藏的具体情况，认真研究射孔液、射孔工艺、射孔参数等与产能的关系，以达到降低伤害，提高产量的目的。

射孔原则：①采用大孔、大弹、高孔密射孔，增大渗流面积，减轻出砂程度，防砂后流动效率高；②采用负压射孔技术；③采用优质射孔液（本区深度处理油田水）；④根据地应力，优化射孔井段。

4）射孔参数优化设计结果

为尽可能地提高原油的渗流面积，提高油井的产能，同时减少液流对防砂层的冲刷破坏，射孔工艺应采用大孔径、高孔密工艺。但研究资料表明，当孔密、孔径增加到一定程度后，油井产能不再提高，反而会使套管的机械性能遭到破坏，影响油井的产能，因此根据射孔工艺优化设计软件计算，结合中一区Ng3单元老井的射孔应用情况，确定孤岛油田中一区Ng3油井的射孔工艺如下。

射孔方式：全方位射孔，电缆输送，负压射孔。

射孔参数（油井）：枪型为127枪；弹型为89弹；孔密为36孔/m；相位角为90°；发射率为100%。

射孔液若与地层配伍性差，极易引起原油乳化、黏土膨胀，渗透率下降。根据中一区 Ng3 单元油藏特点，要求射孔液：悬浮固体含量≤5mg/L；悬浮固体颗粒直径控制≤5μm；密度范围 1.05～1.10g/cm³；与储层、地层水配伍性能好；反排性能好。出于防砂与保护油层的需要，推荐选用该区深度处理油田水。

2. 采油方式选择

采油方式选择的原则：①能充分发挥油井的生产能力，满足开发方案规定的配产要求；②所选择的举升设备能满足该区块井身结构的要求；③所选择的举升设备工作效率较高，经济性好；④所选择的采油方式对油井生产状况变化具有较好的适应性；⑤油井的维修与管理较方便，可操作性强。

根据该块能量情况，结合前期井筒举升工艺适应性分析，确定该块应立足于有杆泵机械采油方式。

3. 防砂工艺设计

针对中一区 Ng3 单元的油藏特点，结合现有防砂技术特点和多年实际应用的经验和应用效果，确定中一区 Ng3 单元不适合化学防砂，而机械防砂对中一区 Ng3 单元地层有较好的适应性。主要原因是储层岩石胶结强度低，抗压强度底，不能承受较大的应力，在正常生产条件下就会出现因地层骨架破裂而出砂。因此保持地层应力稳定，是防止油井出砂，长期保持稳产、高产的重要措施。从现有防砂技术的角度来看，砾石充填可以很好地保持地层应力的稳定状态。因为被充填的砾石砂体可以作为裸露岩壁的依托，减小井筒径向应力差。另外，由于割缝筛管挤压砾石充填压力损失相对较小，挡砂效果较好，能够保持较高的油井生产能力，同时由于割缝筛管在斜井段变形小，能够保证防砂效果。另外中一区 Ng3 单元试验区 34 口老井中，有 6 口斜井全部采用割缝筛管环空充填防砂，平均防砂周期为 26 月，防砂效果较好；该工艺也是孤岛油田的主导防砂工艺。所以本次试验区新井全部采用割缝筛管砾石充填防砂，考虑到作业成本等因素，中一区 Ng3 斜井选择一步法地层挤压充填工艺。

由于储层埋藏浅，胶结疏松，地层易出砂，所以在水井投注前需对地层防砂。针对注水井普遍存在地层温度低的现状，常规化学防砂方法不能满足现场需求。提出在中一区 Ng3 单元注水井应用低温固结砂防砂工艺技术，该防砂技术具有以下特点。

（1）复合陶粒视密度低，在相同施工条件下，可提高携砂比，提高地层充填的密实程度，同时可减轻施工过程中砾石与地砂的互混程度，提高充填层的渗透性。

（2）复合陶粒固化温度低，在较低的地温条件下可以胶结形成较高强度的人工井壁，提高挡砂屏障强度，改善防砂效果。

（3）复合陶粒固化形成的人造岩体大孔道较多，渗透性好，孔隙多，分布较均匀,既具有较高的渗透性,又具有较好的防砂作用。

防砂用量可根据地层厚度确定,一般为 0.5~1t/m。低温固结砂防砂工艺技术在孤岛油田是一项较为成熟的防砂技术,能够满足中一区 Ng3 单元注水井防砂要求。

六、地面工艺设计

(一)设计方案

在注入井所在的区域内,孤岛中 1-16 配注站、中 1-20 注聚站正在进行二元复合驱第二段塞的注入,孤岛先导试验站、中 3-3 配注站站内的库房、熟化罐不能满足现二元驱的要求,且无进行石油磺酸盐、表面活性剂的储存及提升扩建的场地,但孤岛先导试验站、中 3-3 配注站均可用做注入站,先导试验站原有的调配注入操作间及扩建泵房可安装 19 台注入泵,管辖 16 口注入井。利用已建的中 3-3 配注站调配注入操作间、注入泵房可安装 24 台注入泵,管辖 20 口注入井,中 1-10 注聚站距注入区较远,中 1-15 注入站只可管辖 6 口注入井,选用已建的孤岛先导注入站、中 3-3 注入站 2 座配注站作为注入站,并对中 1-16 配注站进行改扩建。

(二)工艺流程

1. 第一段塞

干粉混配系统:B-PPG、聚合物母液配制系统,即分别采用袋装粉料自动加料装置将 B-PPG 干粉、聚合物干粉加入料仓,干粉经螺旋下料器计量后进入文丘里喷嘴,站外来低压清水进入清水罐储存(设有高压污水盘管,以保持清水罐内的水温不低于 8℃),然后经清水泵加压、计量后在射流器的负压腔内与 B-PPG(聚合物干粉)混合形成 5 000mg/l 的 B-PPG(聚合物)母液分别进入熟化罐,在各自的熟化罐内搅拌、熟化,熟化后的聚合物母液一部分供给第一批注入井的第二段塞注入,一部分经倒罐泵倒入 B-PPG 母液罐内进行搅拌混合供给第二批注入井注入。

输送注入系统:经搅拌熟化后的(B-PPG+聚合物)母液经外输泵输送至注入站注入泵的入口,升压至 16MPa,再与高压污水经过高压静态混合器混合成给定浓度的注入液,输送到井口注入地层。

2. 第二段塞

石油磺酸盐、P1709 加入系统:用提升泵将低压污水进行提升,同时分别将石油磺酸盐和表面活性剂用提升泵提升,再与提升后的污水混合输送到各站外输泵出口。

聚合物母液配制系统：利用第一段塞的 B-PPG、聚合物母液配注系统，进行第二段塞的配注，将混合好的石油磺酸盐、表面活性剂液输送到母液外输泵的出口混合后输送到各注入站。

（三）地面工艺方案设计

对中 1-16 配注站、先导试验注入站和中 3-3 注入站实施改扩建。

中 1-16 配注站：新增水射式分散装置 1 套，母液外输泵 4 台，倒罐泵 2 台，袋装粉剂自动加料装置 2 台，150m³ 熟化罐 2 台，污水提升泵、石油磺酸盐提升泵、活性剂提升泵和化验设备各 1 套。

中 3-3 注入站：新增注聚泵 14 台，聚合物过滤器 1 台，污水泵 2 台，混配管汇 12 套，站内管网 1 套，变频装置 14 套，配电盘 6 面。

先导试验注入站：新增注聚泵 15 台，聚合物过滤器 1 台，污水泵 2 台，混配管汇 13 套，站内管网 1 套，变频装置 15 套，配电盘 6 面。

第三节 矿场见效特征研究

为减少先导试验风险，将试验区一分为二，逐步实施。矿场先实施西部井区（图 6-11），含油面积为 0.275km²，石油地质储量为 123×10^4t，注入井 15 口，生产井 10 口，其中：新水井 9 口，新油井 8 口。试验区实施化学驱前综合含水为 98.3%，采出程度为 52.3%，预测采收率为 55.1%。

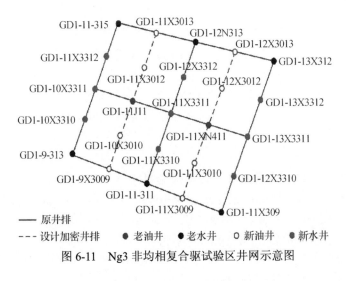

图 6-11　Ng3 非均相复合驱试验区井网示意图

一、矿场实施进展及现状

（一）实施前工作量

高压井 10X3311、11X309 井通过洗井、换管柱、邻井封堵等措施，达到分注要求。12X3312 井实施分层注聚。治理层系窜漏井，射开 Ng3 的 Ng4 水井三口，全部实施堵漏措施。射开 Ng4 的 Ng3 油井 10 口，中心井 1 口，全部进行丢封 Ng4 作业。低液井 9X3009、11X3010 井通过下宽割缝管、分层酸化，复射孔等措施达到方案要求。

录取及分析对比监测资料，包括黏度测试 46 样次，粒径中值测试 26 样次，水井示踪剂测试 6 口，指示曲线测试 12 井次，吸水剖面测试 22 井次，水井定点测压 9 口，压力降落测试 8 口，油井定点测压 4 口，压力恢复测试 2 口，产液剖面测试 2 口，碳氧比测井 3 井次等。

（二）矿场实施进展

2010 年 6 月 19 日，试验区新钻油井投产，新水井矿场投注。投产初期为了控制油井含水上升速度，水井采用 0.05PV/a 的注入速度，平均单井注入量为 38m^3/d。油井液量保持在 20m^3/d 左右。8 口新井初期平均单井日产液 21.0t/d，日产油 5.5t/d，含水 73.8%，平均动液面 263m。新井投产后形成 150m×125m 新注采井网转变了流线的方向，由原井网的近南北流线转变为新井网近东西流线，驱替原井网分流线的剩余油，改善开发效果，在老油井综合含水 98%的条件下新油井投产效果较好，有 5 口含水低于 90%的油井，3 口老油井含水开始下降，平均由 98.3%下降到 92.0%，试验区综合含水在 98%的条件下，下降了 9.3%。油井投产情况进一步验证了剩余油普遍分布，局部富集剩余油在水驱条件下可以实现有效开发。试验区的良好开发效果巩固了特高含水期油藏剩余油"普遍分布、局部富集"的认识。

2010 年 10 月开始注入前置调剖段塞，注入量为 0.08PV，聚合物和 B-PPG 的平均注入浓度均为 1660 mg/L，注入液井口黏度约为 60mPa·s；2011 年 11 月注入非均相复合驱主体段塞，聚合物和 B-PPG 的平均注入浓度均为 1339mg/L，注入液井口黏度约为 50mPa·s，注入的石油磺酸盐和 GD-3 助表面活性剂平均注入浓度均为 0.2%。截至 2015 年 3 月，主段塞已注入 0.226 倍孔隙体积，完成主段塞方案设计的 75.5%。试验区累注溶液为 169.9×$10^4 m^3$，累注聚合物干粉 2774t，累注 1#助剂 2698t，累注石油磺酸盐 2698t。矿场注入非均相复合驱体系后，注入系统和产出系统均取得了明显的应用效果。

目前试验区有油井 10 口，开井 8 口，日液水平为 275.5t，日油水平为 19.4t，含水为 92.9%，平均动液面为 418m；水井总井有 15 口，开井有 14 口，平均注入压力为 10.8MPa，日注水平为 829m³，采油速度为 0.5%，采出程度为 58.5%，注入聚合物浓度为 1483mg/L，井口黏度为 90mPa·s。

二、注入井动态变化

（一）注入压力上升

非均相复合驱矿场实施过程中，最早显现的一个特征就是注入压力发生明显变化。先导试验矿场投注以来，注入压力呈现上升趋势，这是由于注入的非均相驱油体系中聚合物的黏度比注入水的黏度高得多，而体系中颗粒驱油剂 B-PPG 则具有较强封堵作用，从而导致地层渗流阻力增加，注入压力上升，吸水能力下降。试验区投注前正常注入井平均注入压力为 7.2MPa，目前油压上升到 11.5MPa（图 6-12），与投注前对比上升了 4.3MPa，反映出注入聚合物和 B-PPG 段塞后，注入井井底原渗流通道导流能力下降，体系对高渗地层进行了有效封堵，有利于后续非均相复合驱体系进入中低渗透层，从而促进液流转向，扩大波及体积，提高洗油效率。

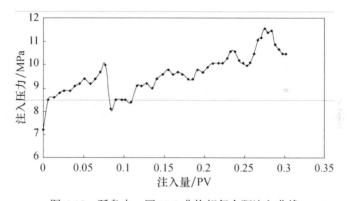

图 6-12 孤岛中一区 Ng3 非均相复合驱注入曲线

与孤岛油田其他注聚和注二元复合驱的区块相比，非均相复合驱的注入压力变化特征明显不同，相同注入量条件下，注入压力在短期内即快速上升，上升幅度高于其他区块（图 6-13），体现出非均相复合驱油体系比聚合物驱和二元复合驱具有更强的封堵作用。

另外，从注入井测试资料分析结果表明，启动压力明显上升，注入井 GD1-11-315 试验前的启动压力为 5.07 MPa，试验后启动压力逐步上升，已上升为 8.26MPa，上升了 3.19MPa。对比试验区五口注入井试验前后的指示曲线变化情况可以发现：试验前启动压力为 2.6~6.0 MPa，平均为 4.6MPa，试验后启动压力为 6.2~8.26MPa，平均为 7.3MPa，平均上升了 2.7MPa。

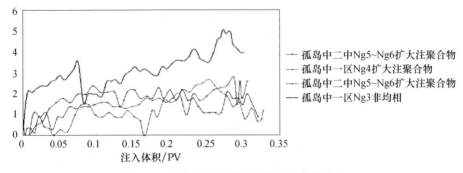

图 6-13 孤岛油田化学驱区块压力变化曲线

（二）吸水能力下降

分析试验区吸水指数变化，水驱时吸水指数为 27.8m³/d/MPa，1994 年聚合物驱后吸水指数下降到 21.6m³/d/MPa，2008 年转后续水驱后吸水指数为 23.1m³/d/MPa，非均相复合驱矿场实施后吸水指数下降到 6.4m³/d/MPa，与注入前相比，吸水指数下降了 72%（图 6-14）。

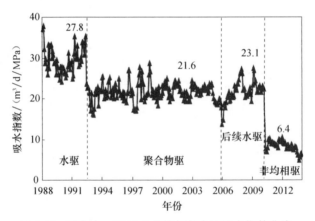

图 6-14 孤岛中一区 Ng3 非均相复合驱吸水指数曲线

（三）霍尔曲线直线段斜率变大

霍尔曲线直线段斜率反映了地层导流能力的变化，利用霍尔曲线可计算非均相复合驱的阻力系数。因注入井注入不同流体，对地层渗流状况的改变程度不同，在霍尔曲线图上反映出不同直线段，用曲线分段回归求出各直线段的斜率，该斜率项体现了各注入时期的渗流阻力变化，直线段斜率变大，说明导流能力降低，斜率变小则说明导流能力变大。从注入井 GD1-11-115 的霍尔曲线来看（图 6-15），曲线发生了明显的转折，斜率变大，计算的阻力系数平均为 2.2。与同类油藏聚合物驱和二元复合驱单元对比发现,孤岛中一区 Ng3 聚合物驱时的阻力系数为 1.43,孤东七区西 $Ng5^4$~$Ng6^1$ 二元复合驱先导试验时的阻力系数为 1.79,非均相复合驱的阻力系数明显高于聚合物驱和二元复合驱,说明非均相复合驱增加地层渗流阻力的能力更强。

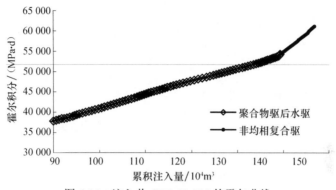

图 6-15 注入井 GD1-11-315 的霍尔曲线

(四)驱替相更趋均衡

试验区在实施非均相复合驱期间,对 11X3310 井先后于 2011 年 8 月、2012 年 5 月、2013 年 8 月进行了三次示踪剂测试,分析对比了该井 3^{3+4} 层的三次测试结果(图 6-16、表 6-22)。2011 年 8 月,矿场注聚合物和 B-PPG 的前置段塞,示踪剂监测结果显示,对应流线方向主要集中在东、南方向,推进速度在 10.9~20.2m/d;到 2012 年 5 月,流线发生了变化,西边增加了两个受效方向,南边减少了两个流向,推进速度也有降低,在 4.4~21m/d;2013 年 8 月监测资料显示,受效方向新增了北部两个受效方向,各方向推进速度及其差异均有所减小,在 8.53~18.9m/d。

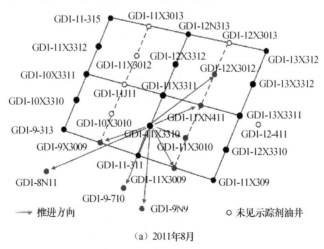

(a) 2011年8月

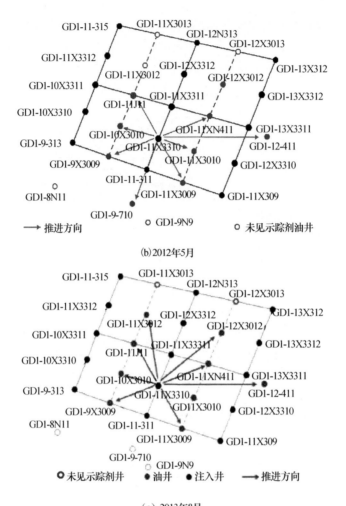

(b) 2012年5月

(c) 2013年8月

图 6-16　11X3310 井 3^{3+4} 层示踪剂水线推进方向图

表 6-22　11X3310 井示踪剂检测结果

对应油井	推进速度/m/d		
	2011 年 8 月	2012 年 5 月	2013 年 8 月
11XN411	10.9	14.62	14.62
9X3009	11.79	11.79	11.8
11X3010	11.71	10.25	
12-411		21	18.9
10X3010		4.41	8.53
11J11		8.96	12.64
11X3009	11.39	12.81	12.06

续表

对应油井	推进速度/m/d		
	2011年8月	2012年5月	2013年8月
9-710	20.02	17	
12x3012	15.4		13.48
11X3012			12.5
9N9	18.43		
8N11	14.49		

由三次示踪剂监测结果对比，随着非均相驱油体系的不断注入，11X3310 井组向各个方向推进更趋均衡，流线分布更加均匀，推进速度差异减小，说明非均相驱油体系注入地层后，在调整平面非均质性方面发挥了较大作用，进一步扩大了波及体积，实现了均衡驱替。

三、生产井动态变化

（一）日产油量上升，综合含水下降

2010 年 7 月，试验区 8 口新油井投产，综合含水相对较低，在 90%左右，日产油量增加，这是由于加密井网调整后，因流线发生转变，原井网动用差、驱油效率较低的区域得到高效动用。随着开发的进行，含水不断回升。同年 11 月，矿场开始投注聚合物和 B-PPG 溶液，至 2011 年 8 月，试验区开始见效，含水下降，日产油量明显上升。综合含水由 97.5%下降至最低 76.9%，下降了 20.6%，降水效果非常显著。日产油量由 3.3t/d 上升至最高 79t/d，日增加油量 79.2t（图 6-17）。

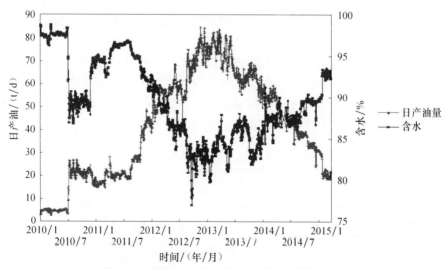

图 6-17　孤岛中一区 Ng3 非均相复合驱生产曲线

GD1-12X3012 井实施非均相复合驱后见效最为明显，平均含水由 75.7%最低下降到 31.4%，下降了 60.7%，日产油由 4.9t/d 最高升至 35.7t/d，增加了 30.8t/d（图 6-18）。

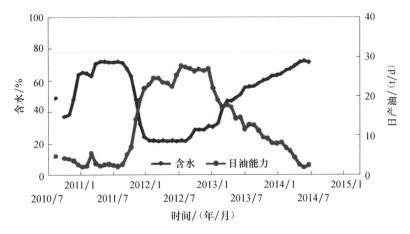

图 6-18　GD1-12X3012 井生产曲线

（二）含水变化特征

实施非均相复合驱见效后，油井表现出明显的见效特征：开始见效时，含水呈台阶式下降，下降速度快，幅度较大，但在注入非均相段塞后期，含水开始呈小阶梯式回升；日油大幅度上升。

试验区在实施非均相复合驱前，进行了变流线加密井网调整，实施化学驱后，不同部位的油井表现出的见效特征也出现较明显的差异。原油水井间部位新打的油井见效比较早，多在 0.08PV 前见效，含水下降幅度一般在 50%以上，含水漏斗出现较为明显的平缓谷底期，且持续时间较长；老油井见效较早，在 0.1PV 之前见效，含水下降幅度一般高于 25%，含水漏斗有谷底，但持续时间较短；原水井间新井见效较晚，多在 0.15PV 后见效，含水下降幅度也相对较小，下降值多小于 20%，含水漏斗无明显谷底，见底即回升（表 6-23）。

表 6-23　不同部位油井见效特征

类别	见效时间	含水下降幅度/%	谷底特征	曲线形状
原油水井间新井	早（≤0.08PV）	>50	谷底明显、平、长	宽 U
原水井间新井	晚（≥0.15PV）	<20	无明显平缓谷底，含水回升早	V
老油井	较早（≤0.1PV）	>25	平缓谷底期较短	窄 U
共同特征			含水台阶式降、台阶式升；窜聚后含水陡升	

分析认为，造成油井见效存在差异及见效特征不同的主要原因是剩余油潜力不同（表6-24）。处于原井网的油水井间分流线部位，原油动用程度相对较低，驱油效率相对小，剩余油饱和度相对较高（35%~45%），相对比较富集，井网调整后高效动用该部位的原油，同时结合非均相复合驱，进一步扩大了波及体积，提高了洗油效率，从而产生显著的降水增油效果，平均单井增油超过1万t。其次是原井网油井，剩余油饱和度为35%~39%，井网调整后，流线转变了60°，受效方向由4向增加为6向，结合强堵强调强洗的非均相复合驱，使原井网油井获得较好的增油效果，平均单井增油已达6446t。原井网水井间新油井见效相对较差，该部位因两边水井经过几十年的注水，原油动用程度相对较高，剩余油饱和度相对较低（31%~35%），实施井网调整非均相复合驱后，也见到了明显效果，平均单井增油达4090t。

表6-24 不同部位油井增油效果统计

不同部位	平均产出水矿化度/(mg/L)	剩余油饱和度/%	平均单井增油/t	见效分析
原井网油水井间	6148	35~45	11655	波及占主导
原井网油井	7097	35~39	6446	波及和洗油贡献相当
原井网水井间	7932	31~35	4090	洗油占主导

剩余油是影响见效差异的主控因素。图6-19和图6-20统计了试验区中心及外围见效井的剩余油饱和度与见效情况的关系，剩余油饱和度越小，初见效时间越晚，见效程度越差，含水最大下降幅度越小，随着剩余油饱和度的增加，油井初见效的时间明显缩短，而含水最大下降幅度明显增大。

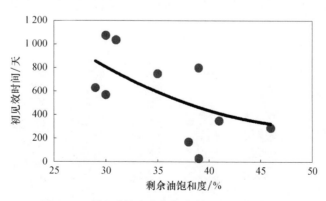

图6-19 剩余油饱和度与初见效时间的关系曲线

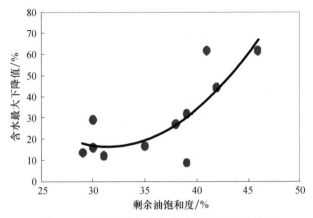

图 6-20　剩余油饱和度与含水下降的关系曲线

（三）流体性质变化特征

1. 原油性质

先导试验实施后，原油族组分发生了变化。图 6-21～图 6-23 为不同油井不同时间的原油族组分的分析结果，将其进行对比分析可知：不论是老油井、原油水井间新井还是原水井间新井的原油族组分在实施非均相复合驱初期，原油中轻质组分相对较高，重质组分相对较低，体现了 2010 年 7 月井网调整到位后，随着开发逐渐形成新的流线，波及体积得到扩大，强化了原来低驱油效率部位的动用，驱出了相对较轻质原油，体现的是变流线井网调整的作用。随着进一步开采，2011 年 11 月的检测结果发现，轻质组分减少，重质组分增加，反映井网调整开发一段时间后，轻质油减少，而 B-PPG-聚合物段塞正处于逐步形成阶段，扩大波及作用有限，还未明显显现出来。2012 年 7 月及以后的几次原油族组分检测结果看，轻质组分增加，重质组分减少，反映了注入非均相复合驱油体系段塞后，体

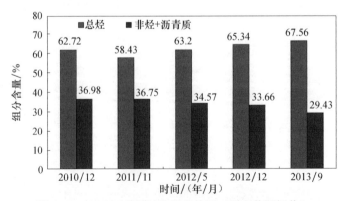

图 6-21　9X3009 井原油族组分检测（原水井间新井）

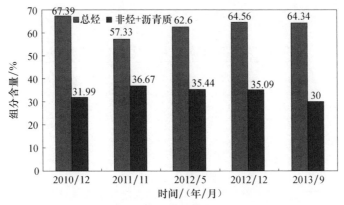

图 6-22 12X3012 井原油族组分检测（原油水井间新井）

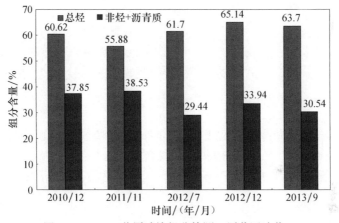

图 6-23 11J11 井原油族组分检测（原井网油井）

系对高渗区进行了有效封堵，促使后续注入流体发生转向，从而进一步扩大了波及体积，增加了原油动用程度。

2. 产出水性质

定期录取所有油井的产出水性质，并对历次检测数据进行了分析。试验区原始的地层水矿化度是 5 920mg/L，而注入水矿化度是 8 120mg/L，因此随着注水开发，地层水矿化度会逐渐升高。与井网调整后实施化学驱之前的油井产出水矿化度相对比（表 6-25），其结果表明，原油水井间的四口新井中，产出水矿化度低于原始地层水矿化度（5 290mg/L）的井有两口，另外两口则略高，产出水矿化度平均为 6 148mg/L，说明油水井间部位波及程度相对较低，原油动用较差，驱油效率较低，剩余油相对富集；四口老油井的产出水矿化度均高于 5 290mg/L，平均是 7 097mg/L；原水井间新井的产出水矿化度最高，平均是 7 932mg/L，说明水井间部位注入流体的波及程度高，驱油效率高，剩余油相对较少。

表 6-25 实施非均相前剩余油及产出水矿化度统计

不同部位	产出水矿化度/(mg/L)	产出水矿化度平均值/(mg/L)
油水井间新井	5 000～7 000	6 148
老油井	6 000～8 000	7 097
水井间新井	6 000～9 000	7 932

随着不断开发，油井产出水矿化度呈现规律性变化：矿化度先上升后下降，与原油性质变化规律相符（图 6-24）。2010 年 7 月～11 月，井网调整后，注采流线转变，扩大了波及体积，因此产出水矿化度较低；注 B-PPG+聚合物阶段，因注入时间尚短，未形成有效封堵；随着非均相复合驱油体系不断注入，逐渐发挥了强调强堵作用，进一步扩大波及体积，相对较低的地层水被产出。

（四）增油效果明显

试验区明显见效井九口，见效率为 90%，单井增油超过 1 万 t 的有三口，增油在 5 000t 以上的有二口，在 3 000t 以上的有三口。中心井区已累积增油 8.07×10^4t，已提高采收率 6.56%，数模预测可提高采收率 8.5%，最终采收率达到 63.6%。

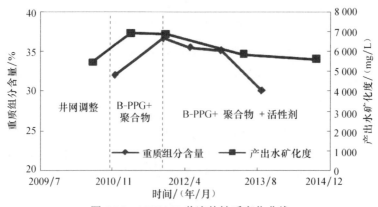

图 6-24 12X3012 井流体性质变化曲线

参 考 文 献

曹绪龙. 2008. 低浓度表面活性剂-聚合物二元复合驱油体系的分子模拟与配方设计 [J]. 石油学报（石油加工），24（6）：682-688.

曹绪龙. 2013. 非均相复合驱油体系设计与性能评价 [J]. 石油学报（石油加工），29（1）：115-121.

曹绪龙，崔晓红，李秀兰，等. 2009. 扩张流变法研究表面活性剂在界面上的聚集行为 [J]. 化学通报，72（6）：507-515.

曹绪龙，张莉. 2007. 胜利油田高温高盐油藏聚合物驱提高采收率技术研究 [M]. 北京：石油工业出版社.

陈霆，孙志刚. 2013. 不同化学驱油体系微观驱油机理评价方法 [J]. 石油钻探技术，41（2）：87-92.

陈晓彦. 2009. 非均相复合驱油体系驱替特征研究 [J]. 精细石油化工进展，10（11）：1-4.

陈晓彦. 2009. 非均相驱油剂应用方法研究 [J]. 石油钻采工艺，31（5）：85-88.

崔晓红. 2011. 新型非均相复合驱油方法 [J]. 石油学报，32（1）：122-126.

戴涛，席开华，戴家林，等. 2012. 基于毛管数插值的二元驱油藏模拟方法 [J]. 山东大学学报（理学版），47（8）：55-59.

姜祖明，曹绪龙，李振泉. 2015. 部分交联聚丙烯酰胺悬浮液的触变性及屈服应力 [J]. 石油学报（石油加工），31（4）：996-1002.

姜祖明，苏智青，黄光速，等. 2010. 预交联共聚物驱油剂高温高盐环境下长期耐老化机理研究 [J]. 油田化学，27（2）：166-170.

康万利. 2001. 大庆油田三元复合驱化学剂作用机理研究 [M]. 北京：石油工业出版社.

李振泉. 2004. 孤岛油田中一区特高含水期聚合物驱工业化实验 [J]. 石油勘探与开发，31（2）：119-121.

刘煜. 2013. 黏弹性颗粒驱油剂调驱性能的室内研究 [J]. 承德石油高等专科学校学报，15（3）：5-9.

卢国祥，张云宝. 2007. 聚合物驱后进一步提高采收率方法及其作用机理研究 [J]. 大庆石油地质与开发，26（6）：113-118.

任亭亭，宫厚健，桑茜，等. 2015. 聚驱后 B-PPG 与 HPAM 非均相复合驱提高采收率技术 [J]. 西安石油大学学报（自然科学版），30（5）：54-58.

山东大学. 2010. "十一五"国家科技重大专项"高温高盐油藏化学驱数值模拟软件快速求解算法研究"技术报告 [R].

宋道万，孙玉红. 2000. 化学驱数值模拟软件的改进和完善 [J]. 油气采收率技术，7（2）：41-44.

苏智青，姜祖明，黄光速，等. 2012. 部分交联聚丙烯酰胺的合成机理 [J]. 高分子材料科学与工程，28（5）：53-56.

隋希华，曹绪龙，王得顺，等. 2000. 孤岛西区三元复合驱体系色谱分离效应研究 [J]. 油气采收率技术，7（4）：1-3.

孙焕泉，李振泉，曹绪龙，等. 2007. 二元复合驱油技术 [M]. 北京：中国科学技术出版社.

孙焕泉, 张以根, 曹绪龙. 2002. 聚合物驱油技术 [M]. 北京: 中国石油大学出版社.

孙焕泉. 2014. 聚合物驱后井网调整与非均相复合驱先导试验方案及矿场应用 [J]. 油气地质与采收率, 21 (2): 1-4.

谭晶, 曹绪龙, 李英, 等. 2009. 油/水界面表面活性剂的复配协同机制 [J]. 高等学校化学学报, 30 (5): 949-953.

王宝瑜, 曹绪龙, 崔晓红, 等. 1994. 三元复合驱油体系中化学剂在孤东油砂上的吸附损耗 [J]. 油田化学, 11 (4): 336-339.

王红艳, 曹绪龙, 张继超, 等. 2008. 孤东二元驱体系中表面活性剂复配增效作用研究及应用 [J]. 油田化学, 25 (4): 356-360.

王红艳, 叶仲斌, 张继超, 等. 2006. 复合化学驱油体系吸附滞留与色谱分离研究 [J]. 西南石油学院学报, 28 (2): 64-66.

王立军, 张宏方, 王德民. 2002. 影响聚合物溶液流变性能的因素分析 [J]. 大庆石油学院学报, 26 (4): 16-18.

王正波, 叶银珠, 王继强. 2010. 聚合物驱后剩余油研究现状及发展方向 [J]. 油气地质与采收率, 17 (4): 37-41.

严兰. 2012. 无机盐对胜利石油磺酸盐的地层损失影响研究 [J]. 精细石油化工进展, 13 (6): 17-20.

杨耀忠, 鲁统超, 戴涛, 等. 2010. 二元复合驱数值模拟隐格式和应用 [J]. 山东大学学报 (理学版), 45 (8): 19-26.

于金彪, 席开华, 戴涛, 等. 2012. 两相多组分流有限元方法的收敛性 [J]. 山东大学学报 (理学版), 47 (2): 19-25.

于龙, 李亚军, 宫厚健, 等. 2015. 支化预交联凝胶颗粒封堵性能与调剖能力评价 [J]. 油气地质与采收率, 22 (5): 107-112.

俞稼镛, 宋万超. 2002. 化学复合驱基础及进展 [M]. 北京: 中国石化出版社.

张金国. 2005. 聚合物溶液黏度的主要影响因素分析 [J]. 断块油气田, 12 (1): 57-59.

张莉, 崔韶红, 任韶然. 2010. 聚合物驱后油藏提高采收率技术研究 [J]. 石油与天然气化工, 39 (2): 144-147.

张贤松, 郭兰磊, 屈智坚, 等. 1996. 孤岛油田中一区聚合物驱先导试验效果评价及驱油特征 [J]. 石油勘探与开发, 23 (6): 54-57.

Delshad M. 1997. UTCHEM Version 6.1, Technical Documentation, Center for Petroleum and Geosystems Engineering, The University of Texas at Austin, Austin, Texas, 78751.

Jiang Z, Huang G. 2014. Flow mechanism of partially crosslinked polyacrylamide in porous media [J]. Journal of Dispersion Science and Technology, 35(9):1270-1277.

Jiang Z, Su Z. 2013. Sensitive parameter predicting steady-state pressure difference of partially crosslinked polyacrylamide suspension in core flow experiments [J]. Journal of macromolecular Science, Part B, 52(7): 1030-1040.

Jiang Z, Su Z. 2013. Anti-aging mechanism for partly crosslinked polyacrylamide in saline solution under high-temperature and high-salinity conditions[J]. Journal of macromolecular Science, Part B, 52(1):113-126.

Lowe A, McCormick C. 2002. Synthesis and solution properties of zwitterionic (Co) polymer.［J］Chemcal Reviews, 102: 4177-4190.

Su Z, Jiang Z. 2013. Mechanism of formation of partially-crosslinked polyacrylamide complexes[J]. Journal of macromolecular Science, Part B 52(1):22-35.

Wang L, Xu Y. 2006. Preparation and characterization of graft copolymerization of ethyl acrylate onto hydroxylpropyl methylcellulose in aqueous medium［J］. Cellulose, 13(2): 191-200.